青少年探索世界丛书

探索神秘的海洋世界

主编 叶 凡

合肥工业大学出版社

图书在版编目(CIP)数据

探索神秘的海洋世界 / 叶凡主编. —合肥:合肥工业大学出版社,2013.1
(青少年探索世界丛书)
ISBN 978-7-5650-1179-5

Ⅰ.①探… Ⅱ.①叶… Ⅲ.①海洋—青年读物②海洋—少年读物
Ⅳ.①P7-49

中国版本图书馆 CIP 数据核字(2013)第 005423 号

探索神秘的海洋世界

叶 凡 主编 责任编辑 郝共达

出 版	合肥工业大学出版社	开 本	710mm×1000mm 1/16	
地 址	合肥市屯溪路 193 号	印 张	12	
邮 编	230009	印 刷	合肥瑞丰印务有限公司	
版 次	2013 年 1 月第 1 版	印 次	2024 年 1 月第 3 次印刷	

ISBN 978-7-5650-1179-5　　　　定价:45.00元

目 录

海洋诞生探秘 /1
孕育地球生命奥秘 /7
海和洋是怎样区分的 /14
四大洋的分界在哪里 /16
第一大洋太平洋 /18
海洋运动的缘由 /20
湾流形成奥秘 /26
深海环流 /29
近岸上升流 /33
海洋旋转流 /34
洋流之谜 /36
海洋传输带 /40
波浪之谜 /41
什么是海啸 /44
什么是裂流 /47
海洋漩涡的成因 /49
"魔鬼三角区"之谜 /51
蓝色聚宝盆 /53

潮汐之谜 /55
海底世界 /60
海岸地貌 /63
海底山脉 /65
死亡岛 /67
岩心的奥秘 /69
海水的化学构成 /72
海水"燃烧" /76
第五大洋会出现吗 /78
海底喷发物与气候 /79
海洋微地震 /81
海上奇异水柱 /83
大洋深处"雪景" /84
什么是季风 /86
什么是飓风 /89
什么是龙卷风 /93
孟加拉湾的台风 /94
钱塘潮成因 /96

厄尔尼诺现象 /98
海平面与假说 /104
海水的颜色 /106
地球为何变暖 /108
什么是风暴潮 /113
海冰的行踪 /115
海上毒雾 /117
红色赤潮 /119
中毒的毛蚶 /121
海洋地质灾害 /123
黑海海啸 /125
海浪 /127
海中奇异生物 /129
最繁忙的海峡 /131
板块构造新发现 /133
透明度最大的海区 /138
最大的防潮闸 /140
温度、盐度最高的海 /142
最小的海 /144
最深的海沟 /145
最大的海 /146
什么是三叶虫时代 /148
海星与棘皮动物 /150
水母与环境 /152

伯吉斯页岩化石 /154
第一条鱼 /156
甲胄鱼 /159
活化石鱼 /162
古老的鲟鱼 /164
恐龙 /168
"清洁虾" /172
名不副实的"鲍鱼" /174
梭子鱼 /176
海龟 /178
海象 /180
海獭 /182
海兔 /184
虎鲸 /186

海洋诞生探秘

地球的演变

地球及其海洋的演化无疑是世界上最伟大的传奇故事。地球就是演出的大舞台，而古代和现代的生命的所有形式都扮演着舞台上的角色。故事开始于一个奇异陌生的环境，地面受到小行星剧烈的碰撞，猛烈的火山不断喷发，频发的大地震撕扯着陆地。间或寒冷的气温使地球突然陷入严寒，其余的时候，这个星球倒是适于生活的温暖舒适的地方。当大陆发生漂移、相互碰撞或相互分离时，海平面将发生升降变化，在这个壮观一幕中的角色也随之发生变化。有时它们形态相似，有时却又是迥然不同的生命体。在使生物发生灾变的事件中，新的角色出现了，而原来的个体有的受到了致命性的伤害，有的则被新的种类所取代。在整个故事中，一个不变的因子贯穿着大部分阶段，这就是海洋存在并孕育着生命。海洋和她的居民在地球的发展和生命的演化中起着重要的作用。我们人类相当于这个故事近尾声时的一瞬。但是通过追寻海洋与生命的演化过程和地球不断变化的历史，我们对我们这个动态的星球、对生命的脆弱以及我们人类自身的起源有了深入的了解。这是每个人都应该知道的一个故事，因为从中真实地透视出我们人类自身的渺小，以及我们可能对地球产生的巨大影响。

在开始追溯历史的航行前，首先要知道的是记录下来地球的历史是怎样拼合起来的，以及为什么其中一些片段谜一样地缺失了。我们利用现代科技可以把孩子们的成长过程录下来，以便将来他们可以看到自己的出生和成长。遗憾的是，地球和海洋的形成和演化过程没有录像。科学家们只能从古老的岩石、化石和其他行星中寻找线索，重现地球和海洋的历史，比如我们对地球形成的了解，基本不是得自于对星际碰撞、陨星、古老的陨石坑和惰性气体的研究。这些惰性气体如氙、氪、氩在太阳上含量丰富，在地球上却很稀少。

科学家们在研究古地球和早期海洋中的生命时所遇到的难题是现代海洋采样的难度所无法相比的。逻辑上，有关早期海洋和原始海洋中生命的最佳信息应来自于海底的沉积物和埋藏的化石。然而当我们探讨了海洋的地质情况、海底扩张和洋壳在深海沟的消亡后，我们发现洋壳在不断地再生循环着。虽然地球有几十亿年的历史，但现代海洋里最老的沉积物和岩石的年龄只有一亿八千万年左右。幸好大陆板块没有发生显著的再循环，高山的岩石中经常含有被抬升于海面之上的古老的海洋沉积物和化石。但是岩石和化石记录远不够完整，常常比较分散，使解译变得比较困难。

几个世纪以来，科学家们在大陆、海洋甚至外层空间搜寻能解答地球演化之谜的星星点点的证据。另一个更为重要的信息来源是深海钻探计划(DSDP)以及其后继者大洋钻探计划 (ODP)。这两个计划是国际上空前的一次科学家、技术人员和管理者的大合作，其目的就是从深海底采集沉积物和岩芯样品。这些深海钻孔资料曾经为板块构造、海平面变化和全球气候变化研究提供了一些最为重要的丰富的科学数据。

地球大约有 45 亿年的历史，地球演化发生的时间尺度通常是几十亿年、几百万年和几十万年的数量级。但是我们往往以人的一生的长短来考虑时间尺度,数量级是一百年,细分后还有年、月、星期、小时和分钟这样的时间片段。地质学家利用岩石研究地球的历史时,意识到对应于地球演化阶段建立一种参考时间的方法的必要性,所以他们建立了地质年代表。

地质年代表中时代的划分基于某些化石或化石群的出现和消失。起初,地质年代被划分为有生命时代和无生命时代两个部分。近几十年来,研究发现原始生命开始的时间要比以前认为的要早得多,因此改变了最初的年代划分系统。根据现在的分类,地球历史的最早时期称为前寒武纪,从45亿年前到大约5.5亿年前(许多科学家把前寒武纪分为冥古代(45~38亿年前)、太古代(38~25亿年前)和元古代(25~5.5亿年前))。由于定年方法的不确定性,地质年代表中划分时代的绝对时间,本质上是不精确的。因此不同的方法所确定的时间会有轻微差别,这段时期生物的演化还不足以留下丰富的化石。从寒武纪开始(约5.5亿年前),划分出古生代、中生代和新生代,分别代表古代生物、过渡时期生物和现代生物的时代。

海洋的水来自何方

我们的故事发生在45亿年前的银河系中。大量的尘埃和小行星围绕着早期的太阳旋转。这些转动的物质既有微小的灰尘,也有直径几百公里的小行星。不久,大大小小的物质开始相互碰撞。最初,碰撞是缓慢的,引力将撞碎的空间物质结合在一起,形成了一个岩石体,这就是地球的雏形。随着越来越多的碰撞物的聚集,地球逐渐长大了,其引力场也变得越来越强,使周围旋转的星际物质越来越快地被拉向地球,以更强的力量冲击着地球表面,形成巨大的陨石坑,释放出大量的热。在强大热量的作用下,地球的外层开始熔化,形成了一个沸腾的熔岩浅海。还有大量的热被地球内部吸收,埋藏在成吨的不断生长的岩石下面。这样的过程持续了几百万年,直到地球长成现在的大小。

在地球早期的生长过程中,巨大的星际碰撞有规律地发生着,把大量的尘埃释放到大气中,遮住了所有的阳光,使地球陷入彻底的黑暗中。彗星、大量凝固的气体和冰块以及小行星撞击着地球,猛烈的风暴在地球上肆虐。巨大的撞击和不断的火山喷发产生的大爆炸使埋藏于岩石中的水和气体释放到大气中。这时的大气,条件恶劣,密度很大,由二氧化碳、水蒸气、氮气和其他几种气体组成。尘埃、蒸汽和火山灰形成的黑云笼罩着天空,狂雷巨闪划破黑暗,炽热的岩浆海在地面上沸腾着、激荡着。早期地球的黑暗让人无法想像它会变成一个蓝色的星球。

我们是怎样知道所有这些发生在大约45亿年前的事情的呢?科学家们利用一种新技术来估测地球诞生的时间,放射性测年。地球上所有的元素由于它们原子核内的中子和质子数的不同,而有一定的原子量。一些元素如铀、镭、钾和碳,由于同一种元素的原子核内中子数不同而有几种不同的表现形式,称为元素的同位素。同位素原子量虽然不同,但它们的化学性质是相同的。一些同位素不稳定,具有放射性。放射性同位素以一定的速率衰变,衰变速率称为半衰期。元素的半衰期就是这种元素从原始质量衰变到一半时所花费的时间。如果地质学家知道了某种元素的半衰期,他们就可以通过测定母体和子体(衰变的产物)的质量来计算岩石的年龄。例如,碳有三种同位素:两种是稳定的(碳12和碳13);一种是不稳定的,即具有放射性(碳14)。当碳14衰变时,放出热量,生成氮14。碳14的半衰期是5570年,也就是说,在某种物质中的碳14需要花5570年的时间使一半的碳14转变为氮14。地质学家们可以通过测定现在岩石中碳14和氮14的量,来估计岩石的年龄,这就是碳测年法。

科学家们认为陨石和地球具有相同的年龄,通过对陨石进行放射性测年,得出陨石已经有45亿岁了。现在,科学家们认为地球在早期形成过程中受到一个巨大的小行星撞击,使地球的一部分脱离出去,形成了月球。所有的月球岩石的测年结果都略小于45亿年。古陨石坑,尤其是月球表面上的古陨石坑中的岩石的测年结果表明,大约45亿年前,地球已经长到了现在的大小,彗星和小行星的撞击频率开始减慢。

到44亿年前,撞击的减少使岩浆海的活动减弱,地球的表面开始冷却,慢慢地,冷凝的岩浆形成一层薄而黑的地壳覆盖着地球。虽然行星撞击和火山喷发时不时地把地壳撕开,把炽热的岩浆喷向天空,但是,随着撞击的不断减少,冷却的不断进行,地球表面形成了越来越厚的地壳。冷却使大气中的水蒸气冷凝,水滴以降雨的形式落到地面上。不久,暴雨冲刷大地,形成了第一个水的海洋。这时的海水是酸性的,而且非常热,水温大概有100℃。火山喷发和大量的降雨把一些元素带入海洋中,使海洋稍稍有一点儿盐度。环绕地球的大气仍充满着二氧化碳,并且密度大,具有腐蚀性。随着越来越多冷凝水的形成,阳光开始穿透黑云。这时海的周围矗立着高高的环形山,但水的侵蚀力量是巨大的,凶猛的洪水冲出深谷,冲蚀着山峰。最近的几次小行星撞击使海洋产生了滔天巨浪,海啸席卷了整个地球。因为那时的月球更接近地球,所以海洋中的潮汐作用很强。

大气中的二氧化碳开始溶入海洋,与海洋中的碳酸根离子结合形成碳酸钙或石灰石。随着沉积在海底的石灰石越来越多,大气中的二氧化碳逐渐减少,天空变得明亮起来。碳酸钙调节着海洋的酸性,使海洋的化学环境略带苦涩,其作用就像胃酸过多的人服用的抗酸药物一样。太阳的辐射增加,使地球的温度上升,大量的水从海洋中蒸发出来,使海平面下降,露出许多陆地。在雨水和河流的风化作用下,更多的矿物质从新的陆地进入海洋,海洋的盐度开始上升。

在这一时期,地球上的气候变化可能异常剧烈,同时火山喷发、地震海啸仍不断改造着地球表面。一些科学家认为,在这段时期,灾难性的小行星碰撞仍时有发生,海洋以几十年为周期不断地蒸发着、改造着。

还有一种说法是,海水来自冰彗星雨。根据卫星提供的资料,美国科学家提出这一新的假说。1987年,科学家从卫星获得高清晰度的照片。在分析这些照片时,发现一些过去从未见到过的类似"洞穴"的黑斑。科学家认为,这些"洞穴"是冰彗星造成的。经初步推测,冰彗星的直径多在20千米。大量的冰彗星进入地球大气层,经过数亿年或者更长的时间,地球表面就得到非常多的水,于是就形成今天的海洋。但是,这种理论缺乏海洋在地球形成发育的机理过程,而且这方面的证据也很不充分。

海洋是如何形成的?或者说,地球上的水究竟来自何方?只有当太阳系起源问题得到了解决,地球起源问题、地球上的海洋起源问题才能得到真正解决。

孕育地球生命奥秘

38亿年前,星际物质猛烈碰撞的时代已经结束了,动荡不安的地球变成了一个蓝色的星球,表面覆盖着蔚蓝色的大海,海面上遍布着岩石裸露的岛屿。在陆地表面和海洋的底部,高密度的黑色玄武岩和富含铁镁有精细花纹的硅酸岩组成了厚厚的地壳,较轻的花岗岩物质分布其上,这些物质是由浅色的,富含钾、钙、钠、铝的硅酸岩组成(这些漂浮在地壳表面的花岗岩"冰山"最终变厚,并形成了地球大陆的核心部分)。天空变明亮了,大气逐渐变薄,气候也慢慢凉下来。但是,陆地和海洋中仍然没有植物和动物的踪影。

地球上的生命是什么时候开始的?是怎样开始的?无论在什么时候这都是最让人感兴趣、最易引起激烈争论的问题。40亿年前,原始的海洋中是否充满着有机分子呢?如果是的话,那最早的有机物质又来自何方呢?有人认为,有机物质——生命的基本组成物质——是由星际中的行星或彗星带到地球上的也有人认为,这些物质是在地球原始的海洋中产生的。但是,不管有机物质来自哪里,生命是在海洋中开始的。

在陆地上已经硬化成为岩石的古老沉积物中,发现了有关生命产生时地球的外貌和最早的有机体的性质的线索。目前,地球上最古老的沉积岩在1971年发现于格陵兰岛的Isua山,年龄约37亿年。Isua山的沉积物质包括一系列由细颗粒组成的岩石和黑色硬化的熔岩,呈奇怪的管状和枕状,好像硬化的牙膏从管中挤出来一样。这些奇形怪状的岩石被称为枕状玄。武岩它们是在熔融的熔岩喷出海面,并被冰冷的海水在不断冷却的过程中形成。在南部非洲巴伯顿绿岩带的岩石中也发现了古老的玄武岩。另外一些看上去像已经硬化的却又正在冒泡的泥浆池。今天,在地热活跃的地区,如美国的黄石国家公园,缓慢沸腾的泥浆池随处可见。在澳大利亚和加拿大北部,也曾发现一些类似的距今32~40亿年的玄武岩。但是,最令人吃惊的发现是在南非,地质学家在一种硬化的二氧化硅岩石即燧石中,发现了一种与众不同的、微小的米粒状化石。他们认为,这些化石是曾经生活在热泥浆中的一种原始细菌的遗迹。最近在深海中的一些发现似乎可以证明,嗜热微生物可能起源于冒着气泡的泥浆池或者是有火山活动的海底地区。

1977年,地质学家在西雅图海岸外的胡安·德富卡海脊的深海热液中发现了一些不同寻常的新的海洋生命。在海平面下25米以下,巨蚌、居住在管中的蠕虫(多毛虫)、蟹和其他一些奇怪的海洋生物聚集在从海底裂缝中喷发出来的热水周围。而在这些深海热液的研究中,最令人吃惊的发现是,这里和其他地方所发现的海洋生物,是以化能合成细菌为生的。化能合成是指有机体利用热、水和化学物质如硫化氢,来制造有机物的过程。与此相对,光合作用是指植物利用光能、水和二氧化碳来制造有机物和氧气。地球上的绝大部分生态系统都是利用光合作用来维持生命循环的。深海中以化能合成为基础的繁荣的食物链的发现,使全世界的科学家都震惊了,而且,这一发现也为生命开始于深海底热液活动地区,而不是海洋表面,提供了可能性。现在,我们知道,化能合成细菌可以在深海以及其他不利于生命存在的环境中繁殖,比如黄石国家公园著名的热喷泉和泥浆池及墨西哥湾天然的油气田。但生命起源于何处我们仍不清楚。是否微小的细菌靠着地球在热泉、沸腾的泥浆池或深海热液中产生的热量繁衍起来,并随后迁到浅海来利用太阳巨大的能量呢?

到32亿年前,地球上的环境仍非常不适于生命的存在。炙热的岩浆在海底和陆地上漫流,沸腾的热喷泉随处可见,大气中仍含有相对较多的水蒸气和二氧化碳。但是,简单的单细胞生命已经开始孕育了。

在澳大利亚菲格特里形成的岩石中,地质学家发现了大棒状及圆球状的化石,而这些岩石的年龄为32亿年。这些化石类似于现代的光合细菌和蓝绿藻,现在称为蓝细菌。类似的化石在冈弗林特燧石矿岩石中也有发现,这一燧石矿是20亿年前在安大略省西部苏必利尔湖沿岸沉积形成的。地质学家发现,这里的化石具有奇怪的拱顶状和柱状的分层构造,似乎是生物造成的。但许多年过去了,它们的起源仍是一个谜。在澳大利亚鲨鱼湾的潮汐浅塘中,发现有类似的短粗柱状的蓝细菌群落存在;最近,在巴哈马群岛的浅水潮沟中发现了更大的这种群落。这些原生的给人深刻印象的柱体被称为叠层石,高度或者宽可以生长到几米。形成叠层石的海藻向上生长,形成了拥有致密的纤维质的有机质层,这些有机质层周期性地被沉积物覆盖,有时也会生成像水泥一样的碳酸钙覆盖层。一旦草食性动物发展起来,叠层石只能存在于有潮流、盐度高、周期性干旱或其他可抑制水下生物摄食的环境中。但在这样的水下生物出现之前,叠层石的数量还是很多的。一些种类的年龄超过了30亿年,这进一步证明,浅海中的生命开始出现。

到30亿年前,天空渐渐明净起来,地球慢慢变凉,地球表面开始发生细微的变化。虽然火山继续喷发着,但是在广阔的浅水区和沸腾的泥洼里,充满了细菌和原始藻类。潮汐水塘被一层蓝绿色的有生命的黏液覆盖着,叠层石随处可见。在深海的热液活动区细菌也一样繁生。石灰石沉积和新的光合作用生物继续使大气中的二氧化碳浓度降低,气候更加凉爽了。

大气中的二氧化碳可以吸收地球表面的热辐射。二氧化碳浓度的增高,使吸收的热量增加了,气候变暖了,这一现象称为温室效应。科学家们认为,地球的早期阶段,也进行着类似的过程,只不过是二氧化碳的浓度下降使地球的气候变冷,而不是变暖而已(科学家们认为,更早时期二氧化碳浓度降低的效应被增加的太阳辐射抵消了)。

地球上最早的生命形式是微小的单细胞生命。随后出现了多细胞生命,这是进化中最有争议性、最神秘的阶段。有机体获得了细胞,而细胞是由一个细胞核和特殊的细胞内结构组成的。多细胞生命是否是由已存在的单细胞生命简单地演化来的?或者根据细胞内结构的共生性,是否可以认为多细胞生命是由简单的单细胞生命和大分子物质结合而成的呢?不管是何种方式,多细胞的海洋生物出现于20~30亿年前。没有人确切知道这是在什么时候发生的,是怎样发生的。但来自化石和岩石的证据表明,在多细胞生命的演化过程中,大气中氧气的出现是一个关键的因素。

在20~30亿年前,地球的大气主要是二氧化碳和水蒸气,因为这时还没有办法产生大量的氧气。但在某种程度上,早期光合生物制造的氧气已经开始在大气中富集;制造出来的氧气要多于消耗掉的氧气。古代沉积物的锈化痕迹,为追溯大气中氧气的演化过程提供了线索。氧气是一种非常活跃的气体,当它与铁结合时,会生成铁锈。在氧气成为大气的主要部分之前,黑色的富铁沉积物从陆地上剥离并被搬运到海洋,过了一段时间,这些沉积于海底的物质被埋藏,最终硬化成岩。全世界年龄在38~23亿年的岩石是由黑色的富铁层与浅色的贫铁层交互形成的,被称为条纹铁岩石。黑色层表明,铁进入海洋时并没有与氧气发生反应,而浅色层则代表了某种季节性的波动。

大约20亿年前,条纹铁沉积消失了,红色地层开始形成。这些红色地层是铁受到大气中氧气的氧化而形成的红色的岩层,它们表明,大气中的氧气浓度已经可以使陆地上沉积物中的铁发生氧化。在北美西南部和大峡谷的红色岩墙是由于沉积物暴露于富氧大气中,使沉积物中的铁大量氧化而形成的。大气已经开始向富氧性转化。

20亿年前,早期的海洋藻类和细菌繁殖着,进行着光合作用,向大气中释放的氧气越来越多。然而,地球表面上的环境条件仍极不利于海洋生命的生长。当大气中的氧分子电离形成臭氧,地球表面就能免受紫外线的伤害。早期的地球,大气中没有足够的氧气,不能形成臭氧来保护地球表面的有机体免受阳光的直接烤晒。另外,有机体利用氧气与有机物质反应而获得能量,这个过程称为氧化作用。但是氧气在反应中如此活跃,所以细胞必须进化出一种方式来利用这一强大的能源,而不至于在氧化过程中伤到自己。太阳能对地球上大多数的生命形式而言,仍是一种相对不可利用的能源,生命的生长受到了限制。

大约10亿年前,大气中有了足够的氧气,有效的臭氧层开始形成,有机体已经具备了安全有效地利用氧气的方法。这时水的表层成了适于居住的环境;太阳的能量可以被利用了,海洋的植物开始繁盛起来。地球的气候和海洋的温度稍微凉了一些,大的陆地板块已经形成。

大约7.5亿年前,我们故事的背景开始改变。曾经是分离的岩石"冰山"块儿,通过构造板块在地球表面的运动,变成了一个横跨赤道,东西向延伸的庞大的超级大陆。板块构造运动很早就开始了,它是造成陆块运动、洋壳产生与消亡和地球上许多不稳定因素发生的原因,对地球、海洋和生命的演化方式有着极其重要的影响。古老的岩石和冰川遗迹表明,超级大陆的许多地方被冰覆盖着,这时的地球可能处于第一次也是最冷的一次冰期,甚至近赤道的地区也被冰雪覆盖了。一些科学家认为,这时的地球好像一个巨大的雪球,但对这一观点仍存在着争议。研究者们无法确定产生这样一次大的冰期的原因，提出的新理论把重点放在了赤道周围大陆的影响上。但是在大约5.9亿年前，地球又变暖了，环境变得有利于生命发生了又一次演化。

大约5.5亿年前，前寒武纪结束，古生代开始。海洋中的生命不断繁殖增加。非常低等的生命形式进化成更高等的种类丰富的生物，这是进化史上的一次重大的飞跃。许多年来，地质学家一直对这一现象迷惑不解，他们在化石记录中寻找其间缺失的联系。到1964年，地质学家R.C. Sprigg在澳大利亚南部的埃迪卡拉山的古代海滩沙中，发现了一种奇特的软体动物遗迹化石。这些化石中，数量最多的是一种环形的遗迹，形状像现代的水母；因此这一时期被称为水母时代，时间恰恰在古生代之前，距今约6亿年。在埃迪卡拉岩层中，还保存着蠕虫状动物、奇特的底栖动物和复叶状生物的痕迹和藏身处。在埃迪卡拉动物群落中，许多生物都很难归入现代的海洋生物种类之中。一些科学家认为，它们与海胆(棘皮动物)、蠕虫和甲壳类(节肢动物)有关。而德国古生物学家Adolf Seilacher提出了新的解释。他认为，这些外表奇特的生物与现代种类无关，而是代表着已经灭绝的生命形式，它们脆弱的垫状躯体易被新生的捕食者摄食。虽然继这次发现之后，在全球除了南极洲以外的每个大陆上都找到了埃迪卡拉动物群落，但它们似乎并没有在古生代之前的化石记录中出现。现在我们还不清楚，埃迪卡拉的海洋生物的灭绝是由于大灾难，还是由于不断变化的环境条件，或者只是被更成功进化的捕食者吃光了。

埃迪卡拉动物群落显著地说明了在古代海洋研究中采样所存在的问题。许多年来，地质学家们都是假定，在古生代以前，地球上根本没有生命存在，这并不是因为有证据表明确实没有生命，而是因为我们找不到生命存在的证据。在古生代以前，海洋中的生命基本上都是软体动物,既没有骨骼,也没有壳体,要成为化石保存下来,从地质角度来看,是不可思议的。因为大部分的软体海洋动物死亡后将沉入海底并很快腐烂。如果它们的遗体由于某种原因被软泥或沙快速埋藏,那么,它们能保存下来的几率就大大提高了。如果周围的沉积物受到富含硅钙等矿物的水的冲刷作用,可能会形成含有完整软体动物溃迹的岩层。如果一种生物具有壳体或骨骼,将更可能形成化石,这就是为什么我们对晚些时候的生命更加了解的原因。一旦由于纯粹的运气或推断发现了化石,我们想要知道化石是什么,以及它的生活方式,就得依赖于化石保存的完整程度。而且我们对现代生物种类的了解也会影响我们对化石的解释,而那些成为化石的生物,实际上一点也不像生活在现代海洋中的生物。

海和洋是怎样区分的

　　人们总是这样说,"辽阔的海洋,美丽而壮观的海洋"。但据科学研究表明:地球表面积约51000万平方千米。其中陆地面积约14000万平方千米,占地球表面总面积的29%;海洋总面积约36000万平方千米,占地球表面总面积的71%。海洋的总面积几乎等于陆地总面积的两倍半。实际上很多人却不知道,海和洋彼此之间是不相同的。那么,它们有什么不同,又有什么关系呢?

　　通常,人们根据所处位置和特征将海和洋区分开来。对远离大陆,深邃而浩瀚的水域,深度在3000米以上,盐度及温度不受大陆影响,盐度平均为35‰,这样的水域谓之"洋"。洋的水色清,透明度大,并有独特的潮汐系统,其沉积物多为钙质软泥、硅质软泥和红黏土等海相沉积,约占海洋总面积的89%。洋,是海洋的中心部分,是海洋的主体。洋的最深处可达1万多米。

　　海在洋的边缘,是大洋的附属部分。海的面积约占海洋的11%,海的水深比较浅,平均深度从几米到两三千米。海临近大陆,受大陆、河流、气候和季节的影响,海水的温度、盐度、颜色和透明度,都受陆地影响,有明显的变化。夏季,海水变暖;冬季,水温降低,有的海域,海水还要结冰。在大河入海的地方,或多雨的季节,海水会变淡。由于受陆地影响,河流夹带着泥沙入海,近岸海水混浊不清,海水的透明度差。海没有自己独立的潮汐与海流。

海可以分为边缘海、内陆海和地中海。边缘海既是海洋的边缘,又临近大陆的前沿;这类海与大洋联系广泛,一般由一群海岛把它与大洋分开。

根据海洋在地理上所处的不同位置,人们又将其区分为不同名称的海域。1845 年,英国伦敦地理学会第一次对大洋提出的地理划分方案,把世界划分为五个大洋:太平洋、大西洋、印度洋、北冰洋和南大洋。

20 世纪初,有不少学者提出,将世界大洋划分为三个:即太平洋、大西洋和印度洋,其余为边缘海,1928 年和 1937 年国际水道测量局先后承认伦敦地理学会"五个大洋"的命名方案。直到 1967 年联合国教科文组织颁布的国际海洋资料交换手册,才采用了现在人们使用的四大洋方案:太平洋、大西洋、印度洋和北冰洋。据国际航道测量局统计,全世界有 64 个海(其中海中之海就有 7 个)。因为大洋之间不像陆地那样有天然的界线,它是由水连成一片的,只能人为定界。从南美合恩角沿西经 68 度至南极洲,是太平洋与大西洋的分界线。从马来半岛起,经苏门答腊、爪哇、帝汶岛、澳大利亚的伦敦德里角沿塔斯马尼亚岛的东南角直至南极洲,是太平洋与印度洋的分界线。从非洲好望角起,沿东经 20 度线至南极洲,是印度洋与大西洋的分界线。北冰洋基本以北极圈为界。

四大洋的分界在哪里

地球上的广大水面,连成一片,环抱着陆地。陆地的边缘,弯弯曲曲地参差交错,将海洋分成四大洋:太平洋、大西洋、印度洋和北冰洋。

四大洋之间分界线在哪里呢?

实际上,大洋之间并没有明显的界限,有的只是人为规定的界限。一般认为,大陆和岛屿是大洋间的天然界限。在没有这种天然界限时,就以假定的标志为界限。

在世界各大洋中,太平洋是面积最大的洋,它所占的面积和容纳的海水量,差不多等于其他三个大洋的总和。总面积约18000万平方千米,超过陆地和岛屿面积总和,其最大宽度约1.99万千米,南北长约1.59万千米。平均深度4028米,是最深的海洋,其中马里亚纳海沟最深处约11030米,是世界海洋最深的地方。太平洋还是最温暖的海洋,是岛屿、海湾、海沟和火山地震分布最多的大洋。太平洋上岛屿约2650个,其总面积达440多万平方千米,约占世界岛屿总面积的45%。众多的岛屿把西部的浅水水域分割成17个边缘海,珊瑚海、南海、东海、黄海、日本海、鄂霍次克海、白令海等。珊瑚海是世界上面积最大的海,约159万平方千米,深度最深约9165米。太平洋洋底的东部为海底高原,南部是一些海底平顶山。洋底还有4个巨大的海盆。

大西洋是世界第二大洋,似"S"形。它平均深度为3600米,海底中部绵亘着一条"S"形的大西洋海岭,南北长15000千米,大部分在水下

3000米左右,个别山脊突出洋面形成岛屿。海岭的东西两侧,分布着一连串深海盆。最深的地方是波多黎各海沟,深达9219米。大西洋有世界最大的墨西哥湾暖流,北部海洋上漂浮着巨大的冰山,两股温差极大的水流交汇于纽芬兰岛东部大洋区,表现于强烈的绿、蓝色的差异和不同的透明度。大西洋上有奇特的马尾藻海,有神秘莫测的百慕大三角区。大西洋是世界海上和空中交通最繁忙的区域。其边缘海有:地中海、黑海、北海、波罗的海、亚速海等12个。其中有世界上最小的马尔马拉海,面积约为1.1万平方千米。还有深度最浅的亚速海,平均深度为9米,最深处也超不过13米。

印度洋的形状像个三角形,是大洋中的老三,大约占世界海洋总面积的1/5。它是贯通亚洲、非洲、大洋洲和欧洲的交通要道。海洋底部有一条中印度洋海岭,东部有条东印度洋海岭,两侧是海盆;它的西部,许多海岭交错分布,分隔出一系列海盆。印度洋北部受到季风影响,形成世界上特有的"季风洋流"。印度洋北部还有一种奇特的自然现象:每年出现两次最高水温和最低水温,时而风平浪静,时而海浪滔天。印度洋上有漫长的链状珊瑚岛群,从北到南,长1600千米以上。边缘海有红海、波斯湾、阿拉伯海、孟加拉湾、安达曼海等。

北冰洋是世界最小的洋,也是最浅的洋,面积只有0.13亿平方千米,平均深度为1205米。洋底中部,横亘着一条海底山脉,长1800千米。它的岛屿很多,仅次于太平洋。世界第一大岛格陵兰岛的绝大部分就在北冰洋里。北冰洋大部分位于北极圈内,是一个冰天雪地的世界,水温很低。北冰洋的地理位置很重要,横越北极的航空线的开辟,大大缩短了亚洲、欧洲和美洲之间的距离。边缘海有挪威海、格陵兰海、巴伦支海、白海、喀拉海、东西伯利亚海等,其突出特点是大陆架面积比例大,约占其50%左右(大陆架面积系指沿陆地周边200米海水等深线以内的面积)。

第一大洋太平洋

太平洋既是世界最大的洋,又是世界最深、岛屿最多的大洋。也许有些人会问,这么大、这么深的洋为什么叫做太平洋呢?是真的非常太平,毫无风险吗?

1519年9月20日,葡萄牙航海家麦哲伦率领船队,开始环球航行。1年后,他们从大西洋绕过南美洲,进入麦哲伦海峡。一路上狂风巨浪,经过30多天迷宫般的航行之后,进入一个茫茫无际的新大洋。沿途110多天,天公作美,始终风平浪静,天气晴好。麦哲伦很高兴,认为这个大洋很"太平",就将其取名为太平洋。

其实,太平洋并不太平。

在南纬40°的地方,终年西风肆虐,风急浪高,被称为"狂吼咆哮的西风带"。太平洋是台风的主要发源地之一,占全部台风发生数量的一半以上。台风造成的狂风暴雨,甚至还会引起海啸。例如在1922年,太平洋发生巨大的海啸,海啸袭击了我国汕头,当时海浪翻滚,整个汕头遭到灭顶之灾,死亡6000多人。

同时,太平洋的边缘又是火山、地震发生最频繁的地带,因为它正处在太平洋板块与亚欧板块及美洲板块的交界处。在这一地震带上的智利,就曾发生过世界上最强烈的地震,死亡14万人。1815年4月5日,在这一地带上的印度尼西亚还发生了空前的火山爆发,震惊全世界。

可见,太平洋并不太平!

不过,太平洋并不是很寒冷,它是世界上最温暖的大洋。全世界海平面平均温度为 17.5℃,而太平洋海面平均水温为 19℃,比大西洋高 2℃,这主要是因为白令海峡很窄,阻碍了北冰洋寒冷水流的流入;太平洋热带海面宽广储存的热量大。当然,这也是造成太平洋多台风的主要原因。台风是在热带海面生成的,它携带着大量的能量、旋转着前进,它走到哪里,哪里就刮大风、下大雨,释放它所携带的大量水汽和热量。

而最大、最深、最温暖的太平洋,自然资源非常丰富。

太平洋盛产鲑鱼、鲱鱼、金枪鱼、海豹、鲸和磷虾等。秘鲁、美国、加拿大、日本北海道、我国的舟山群岛等,都是世界著名的渔场。

海底石油主要在美国加利福尼亚、日本西部、澳大利亚、东南亚、中国大陆架海域。太平洋深海盆发现大量锰结核,储量居各大洋之首,约 17000 亿吨,主要在夏威夷东南海域。

海洋运动的缘由

海洋就如一个巨大的、弯曲的传输带,不断运送着温暖的表层水及冰冷的洋底水。受气候影响及重力压力的驱动,它也是一个不断吸收和给予的过程。其一切运动的原动力来自太阳。

太阳的光照

地球上的风是一个由来已久的现象,也是一个基本要素。它传递着热量,产生波浪并驱动大洋表面的洋流。风是由于太阳强烈而不均匀的热输入而引起的。这个过程以太阳光线进入地球大气圈作为开始。在这里,太阳光线(能量)被臭氧层、云层、灰尘及各种气体吸收、反射或散射。穿透大气层到达地球表面的太阳光线又一次被吸收、反射或散射。吸收太阳光较多的地方变暖,而吸收较少或易反射地区则保持低温。地球表面不同的温度导致了大气的上升或下沉,由此产生了风。

太阳光线到达地球过程的状况取决于光线的波长。太阳能以光的形式表现出来,携带着热量,同时以波的形式传播。在气及海洋中,波长(两个能峰之间的距离) 较长的光线易于被粒子吸收,而短波则发生散射。蓝光的波长很短,我们经常可以看到它的散射现象——明净的天空呈现出蔚蓝色。红光和黄光波长较长,而蓝光和绿光波长较短。日落时天空呈现的红色和金黄色则是由于天空中尘埃和其他粒子对长波的散射引起的。相似的过程也发生在大洋中,使之呈现蔚蓝色。当光线到达大洋表面时,水分子及海水中其他物质易于吸收长波光而散射短波光,这样,蓝光和绿光被散射穿透至大洋深处而红光和黄光则被吸收。倘若有人在 SCUBA 潜水至 20 米左右不慎受伤,从伤口流出的血液将是令人恐怖的蓝绿色(有过这种经历的人一定会对红光吸收的概念印象尤其深刻)。若水下有强光照射,血又会还原为红色,去掉强光,血又会呈现蓝绿色。在海洋深处所有的红光都被吸收,我们无法看到红色。在滨海地区,由于沉积物颗粒及有机质对绿光和黄光的反射和散射使大海呈现出绿色或褐色。

地球表面另一个决定太阳光是否被吸收或反射的因素是表面的反射性。在高纬度地区冰雪的颜色较浅,能反射大部分的太阳光线使该地区保持寒冷,就像一件浅色的衬衫。反之,在颜色较深的地球表面,如大洋表面,太阳光线大部分被吸收而导致变暖。在表层 1 米的深度之内,大约有 65%的到达大洋表面的可见光被吸收,使表层水温升高。海洋是一个大的天然储热器,不仅吸收入射的太阳光线还能保持其热量。相对海洋而言,未被冰雪覆盖的陆地能更迅速地受热或冷却。

滨海地区,帆船运动爱好者及水手们都知道海面上风向的变化会引起有规律的海风。白天,陆地比周围的海水更快地受热,陆地上的受热空气变稀薄并上升,被海面上较冷的空气取代,到正午或下午时分就会产生由海面吹向陆地的风。晚上,陆地比海洋更迅速的冷却,陆地上的冷空气下沉,而海面上相对较暖的空气却是上升的,于是产生相反的风向,即由陆地吹向海面。在热带地区,由于夜间相对温暖的海洋表面空气和水汽上升形成白色的松软的云层。

大部分穿过大气层到达地球表面的太阳光线都是短波,长波光线被大气云层、尘埃和气体所吸收。地球吸收热量的同时也向外放出热量,因此一部分到达地球的太阳光线能被反射回大气层中。地球反射的光为长波,它们进入大气后被云层、尘埃、气体吸收。对地球反射的长波的吸收使大气进一步受热,这就是我们所熟知的温室效应。二氧化碳是大气中长波辐射的主要吸收者,地球上一系列导致二氧化碳释放的人类活动如化石燃料的燃烧、森林砍伐等,都可能引起温室效应,导致气候变暖。

此外,太阳光线到达地面的角度也会影响地面接收能量的多少。地球是圆的,到达其表面的太阳光线随曲率的变化而变化。在赤道上,太阳垂直照射,而在两极及高纬度地区太阳以较大的倾斜角照射,使光线分散在较大的面积上,因此赤道地区的受热远远大于两极地区。由于受热和极地的强反射性是纬度的不同造成的,那么为什么没有出现过热的赤道地区和永远被冰雪覆盖的极地呢?

陆地上的风

简化掉地理因素和政治因素,想像一下地球——没有陆地,没有人类,也不围绕它的轴旋转——来自太阳的热量将导致赤道地区空气上升而两极地区空气下降。当一种物质受热变稀薄并上升的时候,我们称之为对流。对流是一种非常有效的传热方式,存在于我们地球的大气、海洋及地球内部。我们可以通过岩浆灯的运动来描述对流的过程。在灯的底部用光来加热置于一种含油的混合物中的彩色的蜡,当蜡受热变得比它周围的油还要稀薄的时候,它就会上升;在灯的顶部附近远离热源的地方,蜡重新冷却回到灯的底部,这就是对流。

在我们简化的地球上,赤道附近的上升流不断地从地球表面吸入或排除空气,极地下沉的空气向下扩散分散在地球表面。这样就产生了

一种环流风的模式。在地球表面的风由极地(高压)吹向赤道(低压),而在大气上空则由赤道吹向极地。不幸的是,或者说幸运的是,地球并非如此简单。地球的自转加上其质量的影响使大气环流成为一种复杂的环流系统,围绕着地球的表面至少有六个环流带。而且地球表面的风并不像我们简化过的那样由北到南而是由东向西,为什么呢?

科氏偏向力

为了解释这个现象,我们先来做一个假设。一场激烈的反毒战斗要求美国军方在首都华盛顿的郊外秘密发射一枚导弹,试图摧毁赤道附近哥伦比亚丛林中的一个毒品基地。在夜色的掩护以及完全保密的情况下,导弹被发射。然而它并没有按预期到达哥伦比亚,而是到达了南美以西5英里的加拉帕哥斯群岛的一个小岛上。大量的濒临灭绝的龟类及其栖息环境遭到了毁灭性的打击。环保主义者强烈抗议白宫,厄瓜多尔的官员们被激怒了。美国当局迅速采取行动解雇了指挥发射的工程师。当工程师意识到他的错误的时候,自己也觉得羞愧和尴尬。他忘记了在指挥发射的程序系统中调整科里奥利效应。

科氏力是一种作用在地球表面的运动物体上但并不对其产生摩擦力矩的表面力。其作用结果是导致物体的运动在北半球向右偏移,在南半球向左偏移。在解释科氏现象之前,我们先退一步考虑一下地球的自转。在某一时刻,地球由西向东自转,由于地球在赤道处的周长大于极地的周长,它在赤道的自转速度也大于极地的速度,这样才能保证所有的区域同时运动。在纬度2°处地球的运动速度约为1600km/hr而在60°时其速度约为800k/hr,如果一个物体由于摩擦力耦合在地球的表面,它将和地球一起运动。为便于理解,设想你用手在桌面上滑动一张纸,纸将随着你的手一起移动,因为它受到摩擦力的耦合作用——最重要的是,它黏在你的手上。如果你的手稍微抬高到纸面以上再以同样的方式运动,纸便不会随之运动,因为它与手之间不再有摩擦力的作用。地球表面与移动的空气或水之间的摩擦耦合是极其微弱的。所以,发射导弹的时候若不考虑科氏力,其结果将会怎样呢?

当发射物还在地球表面时它受到摩擦力耦合作用。一旦它离开地面到达空中,这种力就减弱。当导弹在华盛顿附近的某处离开地面时,它被施加了一个向东的与该地区自转速度相等的速度,但是由于靠近赤道的目标地处的自转速度大于发射地点的速度,等到发射物到达哥伦比亚特区所在地纬度时,目标地早已经过了该处,也就是说导弹落在了目标地点的后面或者说西部。负责发射工作的工作人员应该给导弹加上一个向东的加速度以补偿赤道附近更快速的自转。由发射点到着陆点画一条带箭头的连线将是一根向右偏的曲线。这种偏转称为科氏效应。

越靠近赤道,科氏效应越强。它对地球表面向左或向右运动的物体具有相似的效应,尽管这种效应更难觉察。若一物体向东移动,与地球自转同向,那么实际上该物体将获得更快的速度向低纬度地区运动,在北半球表现为向右,在南半球向左。若物体向西运动与自转方向相反,它将减速并偏向极地方向,同样表现为北半球向右,南半球向左。科氏力仅仅只对相对较大规模的不受摩擦力束缚的运动现象产生作用。如果你行驶在高速公路上,不会看到司机为了克服科氏力而不断地向右拐弯。

现在回到我们关于地球上的风的问题上来。到此,答案应该很清楚了,全球风的模式由东向西是由于科氏力作用的影响。作一个简单的总结,地球表面不同的受热状况导致了上升、下降或平流的大气运动状态,受科氏力的影响产生了大规模的由东向西的风流模式。在赤道及南北纬30°区域,风流相当微弱。在这些地区,空气的垂直运动多于水平运

动。水手们常常选择在赤道地区的无风带经过数小时的煎熬,等待有利于航行的风。南北纬30°被称为副热带无风带,由于缺少风,水手们常常将马赶下水以减轻船的载重,因此这个地带也被戏称为"下马纬度带"。

风和水

从表面上来看,海洋是由一系列的水层堆积而成的,相互之间通过摩擦力连接。大洋表面的风扰动着表层水以及与之相连的内层水。随着深度增加,水层受风的作用力越来越弱,每一层水的运动越来越小,以至到了某一深度,几乎就没有由风直接引起的水的运动。这种情况通常发生在100~200米处。从表面到受风力影响小的深度的这一区域称为混合层。同样,若我们将地球简化,也不考虑自转的话,大洋表面的海流将与风向保持一致。然而,我们必须再一次考虑科氏力的作用。

19世纪90年代,海洋学家南森领导了一次穿越北极冰层的探险考察,所用的是一种特殊的被称为Fram的航行器。这艘船实际上被冻到冰层中并能随之漂移。经过漫长而寒冷的一年时间的考察和数次历险,他观察到冰的运动并不与风向平行,正如预想的那样,其运动方向比风向偏移20~40°。随后,一个研究生埃克曼被要求找出一种理论来解释为什么冰和水的运动相对风而言向右偏移(在北半球)。令人吃惊的是,他几乎在一夜之间就找到了如下的解释,海洋中,当每一部分的大洋水受到风力作用的同时,也受到科氏力的作用。在北半球,每一水层均向右偏,形成向下的螺旋,即我们今天所指的埃克曼涡流。如果将整个混合的运动方向平均起来,净输送方向将与风向成向右90°的偏移(南半球向左),称之为埃克曼输送。埃克曼输送对大陆边缘海意义重大,因为它能产生近岸上升流。

湾流形成奥秘

狭窄、迅速而连续的湾流,是最引人注目,也是最易观察到的海洋物理现象之一。对于亲身经历过这种湾流变化的人来说,它可能是一阵令人愉悦的轻风,也可能是吹起人的头发的波涛汹涌的大风浪。第一幅由本杰明·富兰克林和他的表弟福格绘制的湾流图向人们展示了这样一幅图景,大量的海水沿海岸流向北,从佛罗里达到北卡罗来纳,然后转向东一直穿过北大西洋。鉴于当时可以利用的海洋探测仪器不过只是一个温度计和一些航海日志,这已经是对湾流相当准确的描述了。如今,人们已经获得了大量关于湾流的信息,包括它形成的原因,流动过程,以及它对气候和海洋的影响。

墨西哥湾流宽约为50~75km,深度为2~3 km,流速为3~10km/hr。据估计,在某些区域,墨西哥湾流输送的水量达 70000000m/秒,是密西西比河输送量的1000倍。

关于湾流的最早的解释之一是由于季风不断地由东向西吹,水在南美洲靠近赤道的地方堆积,向低地势即南北方向流动。这个解释是正确的,但它不能完全解释为什么墨西哥湾流和其他西部边界流如太平洋的黑潮流域会如此狭窄而水流会如此迅速。海洋学家现在已经弄清了其他两种能促进大洋盆地西部边界流的因素。包括北大西洋在内的大洋环流略微向西偏。

另一个促成墨西哥湾流的原因比较复杂,但是我们将它与科氏效应的变化联系起来就变得比较简单了。科氏力随着纬度增加而增加,所以向极地运动的水团越向北受科氏力的影响就越大。这样就使水团产生顺时针的旋转。因此在北大西洋的西部,由于旋转的速度和水自身的流速同向,水流加强。在大洋盆地的东部边界环流向着赤道,随着纬度降低科氏力的影响减小产生逆时针的旋转流,这样东部水流方向与旋转流相反,流速相对较慢。三种因素是风引起的水团堆积,环流的偏移使西部更陡峭以及科氏力随纬度增大而加强,综合起来在西部产生了湾流之类的增强流。总体上来说,西部边界流往往流得快而急,流域深而窄,而东部边界则流速慢,流域宽浅呈发散状。

就像一条古老的河流,湾流向着东北蜿蜒而去,有时产生弯曲或形成环流。在河流中,若水流因强烈的弯曲而从主流中分离开时,通常会形成牛轭湖 U 形河流。同样在湾流中,强烈的弯曲或小环流也能从主流中脱离出来,形成新的环流。湾流的小环流通常包含有暖水或冷水的中心,这些中心被主流的边缘水包围。当它向北弯曲断裂形成环时,称之为暖水环,它的直径通常在 100~200km 之间,其中心水为来自马尾藻海的亚热带暖水和顺时针环流中较冷的外围水。当向南弯曲时则形成以冷水为中心的逆时针环流。关于大洋表面温度和颜色的卫星图像可以展示墨西哥湾流环的图景。颜色上的差异是由于湾流北部的浮游植物较为丰富而南部贫乏。在同一时间里可以有 10 个或更多的环,各自缓慢地向西流,历时约四个半月。最终这些小环流与主流融为一体从视线中消失。人们可以利用海水的颜色、温度和盐度或者收集到的不同的生物,来判别所处湾流的位置及小环流的情况。

湾流对天气也有着重要的影响。它是一个重要的热量传输者,将热从赤道传到极地,并将热量传送到美国的东海岸陆地以及欧洲的西部沿岸。甚至在科德角沿岸发现了由于湾流偏向带入的热带鱼。再向北,在暖水和拉布拉多寒流冷水相遇的地方，海面和陆地上都会形成浓厚的雾。这两股海流的混合形成了世界上产量最为丰富的渔场之一——格兰德滩。湾流向北输送含盐的暖水，也有助于北大西洋深层水的形成以及北部高纬度地区冰雪的形成。

虽然我们对湾流的认识比当初绘制这些海图的人详细得多，仍然还有很多问题有待于进一步的研究。现在科学家正在对湾流进行研究，期望弄清为什么它会形成小环流，这些小环流在大洋混合中的作用，环流如何随时间变化以及究竟有多少水和热量从低纬度传向了高纬度地区(构造天气模型的关键信息)等等之类的问题。

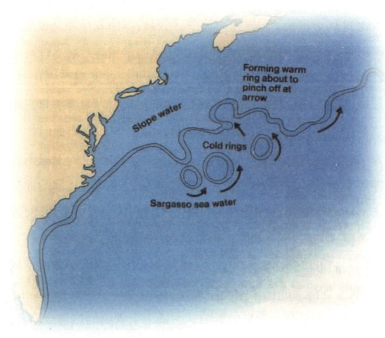

深海环流

正如风驱动着大洋表面的运动一样,重力也驱动着深海的运动。大洋的平均深度约为4000米(2.5英里),大洋的大部分处于混合层以下。人们对浅海环流有了相当的认识,而深海的运动仍是不解之谜。在大洋表面及混合层中,研究者利用浮标和静止流速仪测定流速。在此深度以下则利用海平面高度、重力及压力差来测算速度。但在更深的深海,测定流速相当困难。事实上,我们对整个海洋总体积的90%仍然知之甚少。

深海水运动缓慢,受重力的驱动并随海水密度的变化而变化。海水温度越低盐度越大其密度越大。在大部分海域,海水盐度和温度的改变发生在表面,即海洋和空气相互作用的界面。当寒流经过或有冷的空气团取代暖空气时海水就会变冷。而海水的蒸发或形成海冰则会导致盐度变大。如果海水密度的增加达到了一定程度,就会缓慢下沉,直到其密度趋于一致或者一直沉到海底。

几乎所有的深海水都是由于高纬度地区冷却或结冰形成的。迄今为止,产生大部分海底水的区域位于北大西洋的格陵兰岛南部。在这里,温暖含盐的墨西哥湾流和环绕格陵兰岛向南的冷水混合,它们相遇产生的大量的冷盐水向下喷流并在大西洋深处扩散,这就是人们所知的北大西洋深层水,它们几乎填满了整个大西洋。科学家们已经对其流经赤道和南半球深处进行了跟踪。在南极附近,北大西洋深层水和环绕南极的环流混合,注入太平洋和印度洋。只有少量的底层水是在太平洋印度洋形成的,其余大部分来自大西洋。冬天在南极冰山带以下形成密度极高的海水。这里的水,盐度高、温度低,一直沉到海底扩散,并向北流去,其上方则是密度较小的流向南的北大西洋深层水。而海底山脊的阻挡使南极的底层水通常能够停留在大西洋。北极的冬天也能形成冷的底层水,但是周围大陆以及海底山脊使之只能停留在北极大洋盆地。

在深海,海水混合的方式极少,因此各水团都独立运动。每一水团有其独特的性质,比如温度、盐度、溶解氧、硅含量等。通过鉴别不同深度海水的这些特征,海洋学家可以对水团的运动进行跟踪。最常用的一种深海海水取样方法是利用一种特殊的装置"尼尔森瓶"。

"尼尔森瓶"是一种很普通也很便宜的装置(尽管将它置入深海花费甚高)。这种瓶通常由厚的PVC管形材料制成,系到一根绳缆上,单独作为一个取样器或者与其他仪器一起放入海中。放置过程中,瓶底和瓶口都是敞开的。到达取样的深度时,通过一种类似扳机的机械装置放出瓶盖,使之紧紧地吸在瓶口上。在较大的取样系统中,这一操作过程是通过计算机来完成的,但只有一个或几个"尼尔森瓶"时,通常用一个重物作为导拉索,将它夹在绳缆上随瓶下沉来引发机械装置,随后即可取出装满了水的采样瓶。在应用这种取样瓶时,必须注意保证其正确放置和启动引发装置。同样,由于瓶子被盖上时的力极大,在操作的时候不慎碰到了扳机是很危险的。应用CTD及大量的尼尔森瓶在不同的深度,研究者可以在取样后进行随后的化学分析,对同一水柱不同深度的海水进行分析鉴定。

在深水和表层水之间是大洋的中间层。在某些地方水团形成后流入中间层,夹在暖的表层水和冷的底层水之间。在地中海由于强烈的蒸发产生高盐度的中间层暖水流经直布罗陀海峡,其上方则是含盐较少的表层水。虽然是暖水,地中海水由于其高盐度,在达到北大西洋后能下沉到 1000 米的深度,直到与那里的冷水的密度一致。夹在大洋的表层水和底层水之间,地中海的中间层海水形成液体的"雪崩"四处扩散。最近的研究表明,滚水层与墨西哥湾流相似,它在北大西洋蜿蜒而流形成涡状的小圈流,称为涡流。科学家们将这种地中海涡流戏称为"中间派",已经对其在中间层缓慢的堆积运动跟踪研究了 7 年。

为了测定大洋的流动,研究人员以及政府机构在世界各地放置了大量的浮标,建立了诸多的停泊监测站。这些浮标随洋流运动,并由人造卫星进行跟踪。每隔几天浮标向卫星发送数据,卫星再向地面接收站发送信号,在此信号被转化为各种信息,如经度、纬度、海洋表面温度等。科学家可以通过网络获得这些数据,并对浮标经过的区域及其特征进行绘图或跟踪。停泊站也以类似的方式工作,不同的是它们只对一个地方的海水性质进行测定,如流速和温度。不久,科学家们就可以从空中对海洋的洋流和波浪进行测定。美国国家宇航局最近发射的 QuickSCAT 卫星携带一种海风风速仪,它可以利用微波雷达测量跟踪海风、波浪、海流。新的数据可望提高我们对大洋过程以及和海洋有关的天气现象如飓风和厄尔尼诺现象的了解。

为了精确地测定海水在水平和垂直方向的流动,如今海洋学家可以利用声波,通过固定在船上的声学多普勒流速计来测量。同样研究者可以利用特殊设计的漂流物测定深度。这类仪器中最新型的一种,目前正被应用于跟踪测试海流,其探测深度可达 2000 米。释放后,该仪器下沉到某一与其自身密度相当的目标深度,并在此停留 10 天,随后通过计算机的程序控制上升到水面,在此过程中记录相应海水的盐度和温度。到达水面后,该仪器通过无线电通讯将其位置和测试数据传送到卫星,随后进入深海进行另一轮作业。科学家预计,该仪器可以连续工作即测试并传输信号 4~5 年。将这些表面漂浮物、卫星图像及其他的数据结合起来,科学家希望可以利用这些信息得出"气象图",使人们提高对海洋以及它与大气的相互作用的认识,并为建立更加准确的天气变化计算机模型图提供帮助。

近岸上升流

在某些地区,风向与海岸平行。埃克曼输送导致表层水离岸运动,为补偿离岸的表层水,富含营养的下层冷水上升,这就是近岸上升流。近岸上升流区域是海岸中最肥沃的区域之一。在这里,浮

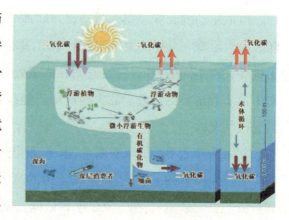

游植物利用上升流带来的营养进行光合作用,大量生长繁殖。只要上升流持续,浮游动物及较小的鱼类就能依靠不断更新的食物大量繁殖。在南美洲西海岸的秘鲁,向北的风产生的上升流使该地区成为世界上最丰富的渔场之一。近岸上升流也出现在夏季的加州沿岸及非洲的东北沿岸,当发生严重的厄尔尼诺现象时,近岸上升流下沉,主要的渔场将受到毁灭性的打击。

上升流也发生在赤道地区的海域以及最南端的海域(南极北部)。赤道附近由东向西的信风及埃克曼输送导致表层水向南北偏移,远离赤道,由下至上的富含营养的冷水上升,在赤道附近形成一个窄窄的富含营养的生物带。

海洋旋转流

由风驱动的大洋表层水运动以及陆地分布影响的共同作用，使大洋表层水沿着一系列的大环流方向运动，称之为旋转流。这些环流表明了世界大洋不同的内部特征，它们在赤道处分离，在大气和海洋的热输送中扮演着重要的角色。北大西洋环流能很好地说明该系统的形成及其运行状况。

北大西洋北半部的风吹向东，南半部风吹向西。令所有研究海洋学的学生感到困惑的是，一直以来关于风的命名的争论，海洋学家根据风和海流的去向来命名，而气象学家则依据其来源命名。这样由东吹来的信风对气象学家而言是东风，对海洋学家却是西风。由于风在北大西洋的北部从西吹来，而在南部从东吹来，科氏力和埃克曼输送导致表层水向北大西洋的中部输送。这些表层水的集中导致了它在中部的堆积，这个地区就是我们所熟知的马尾藻海。

海洋表层能形成环形的山峰或山谷来驱动海流的运动。通过卫星测量仪，我们现在能准确地测量海洋表层高度相对较小的变化。海洋表面高度的测量表明，在马尾藻海的中部，大约有一米高的水层堆积。漂浮的物质，比如塑料、焦油、马尾藻，漂浮的海藻都聚集在海水集中的马尾藻海中部。在历史上，正是由于马尾藻在北大西洋形成厚密的丛簇，因此将其命名为马尾藻海。

马尾藻可以自由漂浮在海洋表面或者附着在较浅的暖水海域。细长的草莓形状的小须使之能漂浮在水面上。很多小的海洋生物就生活在这些马尾藻丛中，他们在海洋表面很难附着到其他生物上，因此不易受到保护。马尾藻鱼由于其颜色和形状都和马尾藻极其相似，人们很难将它们和马尾藻分开。虽然体形很小，马尾藻鱼却是一种很凶猛的捕食者，其个体之间的竞争也极为激烈。若将两条鱼放在一个鱼缸里，很快就会只剩下一条。通过吞食其同伴，剩下的那条鱼的体形很快就能达到它原来的两倍大。令人惊奇的飞鱼也是马尾藻海中比较常见的鱼类，这种鱼能浮出水面，在水面上轻松地滑行，用他们的尾巴作为桨，而其伸出来的鳍则作为翅膀。人们已经知道，飞鱼可以到达船的甲板上，通过敞开的舷窗，进入通气孔，甚至扑到正在熟睡的人的脸上。

马尾藻海中，由于海水不断地向中间堆积产生压力梯度，致使表层以下的水向外流动。由于下部的水向外流动，科氏力开始产生作用，运动的水向右偏移。表层水堆积—向外流动—混合层以下向右偏移，这一过程导致了在北大西洋北部产生巨大的顺时针环流。同样的情形也发生在南大西洋，不同的是此时科氏力向左，环流方向为逆时针方向。大洋环流也发生在太平洋和印度洋，尽管印度洋体系受到季风的影响。在南极周围，因为没有陆地的边界阻挡，环流可以环绕整个南半球。此外在向西的赤道环流的下方有一股逆流，如果不包括墨西哥湾流及太平洋湾流之类的边界流，典型的海洋表面环流黑潮其速度大约为8公里/小时。

洋流之谜

词云:沧海横流,方显英雄本色。这里"沧海横流"可借用为对大海中洋流这一独特景观的形象描绘,道出了海洋的壮观气派。

海水是在不停地运动着,洋流就是海水运动的主要形式之一,也有人把它叫做海河,说它是大海中的河流,浩浩荡荡,不可遏制。洋流对气候和生物都有巨大影响,各大洋的洋流很有规律地构成环流系统,在北半球按顺时针方向流动,在南半球按逆时针方向流动。当洋流从赤道向南、向北流动时成为暖流;从南从北向赤道方向流动时,则成为寒流。

洋流源自什么

洋流主要是由强烈而稳定的风吹刮起来的。这正应验了"无风不起浪"的谚语。风在海面上吹,给表面平静的海水一个作用力,在这个作用力的推动下,表面海水就会流动起来,从而形成洋流。

风是洋流形成的动力,那么地球上的风又是如何形成的呢?众所周知,赤道和低纬度地区的气温高,空气受热膨胀上升,造成气压较低,使两极寒冷而凝重的空气受热膨胀,形成冷风并从两极贴着地球表面向赤道吹刮。热风从赤道升入高空向两极流动,这就构成一个连续不断的流动气环。

由于地球是飞速旋转运动的,从而就带动和它一起运动的物体在自己的轨迹上转动,本来从赤道向北跑的却偏向前进方向的右方,向南跑的就偏向前进方向的左方。风也自然随着偏转,同时,在运动中冷空气不断地被加热升温,热空气又不断地被冷却,因而冷空气没有跑到赤道就要上升,而热空气来不及赶到两极就下降了,这样空气既有向南北运动,又有向上下运动,还有向左右运动的,因而就出现了团团转的气旋,两极高纬度地区流动的空气受地球偏转向力的作用,形成极地东风带;当它们跑到南北纬60度附近时上升,构成极地地区的环流;赤道地区的热空气向南北流动时,在南北纬度30度附近由于冷却,密度增大而下沉,到达低空时,又分成南北两路各自跑去,向赤道方向跑去的构成两个低纬度地区流;而夹在30~60度之间的形成两个中纬地区的环流。在这些大气环流里,常年刮着风向一致的"信风",信风时速接近30千米,这便是推动着海水流动的动力。

为何各行其道

海水的流动,是由于地球转动的"偏向力"的作用,把洋流扭转,在北半球偏到风向右方,在南半球偏到风向左方。这样,北半球的东北信风和南半球的东南信风,将海水推动起来,形成宽达百余千米分道扬镳的南、北赤道洋流。

北赤道洋流碰到亚洲大陆外沿的菲律宾群岛后,转向北上,这股强大的暖流,在北上途中,受地球偏向力的作用,越往北越偏离亚洲大陆来到西风带,又被西风带推向东去,成为北太平洋洋流。当它到达北美大陆后,就分作两路:一小股北上;另一大股顺势南下,形成所谓"加利福尼亚寒流"。以后,它们又被送进赤道流。从而构成了北太平洋的主要环流。

南赤道流在伊里安岛附近南下，在大洋洲东边海面上形成东澳大利亚洋流，顺着新西兰西岸，然后流入南太平洋的西北，直达南美洲的西岸。寒冷的西风漂流，一支沿陆地北上，成为秘鲁海流，并与南赤道流汇合，构成了与北太平洋相似的南太平洋环流；另一支从南美的合恩角以南进入大西洋。

人类与洋流

海洋中的洋流，不仅对地球的气候有重大影响，对生物也有极大的影响。同时，它还蕴藏着巨大的能量，称为洋流能。每支洋流长可达数千千米，宽可达数百千米，流速一般是每小时1~3千米。最大流速是墨西哥湾暖流，每小时为5~10千米。世界各大洋中都遍布着这种不同流向的洋流，其流量之大是陆地上各大河流流量总和的20倍，其蕴藏的总能量约50亿千瓦。因此，多年来，世界各个国家都在对其进行研究和开发，设计出了数百种海流发电装置。其中以降落伞集流式、螺旋桨式和垂直轴流式最具有代表性。

1976年，美国科学家加里·斯地尔曼对降落伞集流式发电站进行了试验，试验是在佛罗里达州的墨西哥湾洋流上进行的。选50只直径为0.6米的特殊降落伞串缚在一根150米长、首尾相连的固定在船尾底部的一个滑轮上。强大的洋流动力带动降落伞，就像大风将伞吹开那样，绳索随降落伞向后运动，使船尾的轮子转动，通过多级传动增速，用增加的转速带动发电机发电，当运行到绳索顶点时，又将降落伞拖回。拖回的时候，降落伞受逆向流力，伞自动闭合，减少阻力。这样连续不断运转，从而带动发电机发电，功率为500瓦。这种方法受海浪上下运动影响大，也受流速变化的影响，转速不稳定，很难实现大型化。

螺旋桨式是利用单向流动的洋流使螺旋桨产生旋转运动，带动发电机发电，这种发电装置是把一艘改装了的驳船拖到洋流中，用锚链固定在海底。在驳船两侧分别装上 1~3 个大水轮，水轮在洋流冲击下，不停地转动，但是，在洋流中设螺旋桨式水轮时，受洋流速度影响很大，当洋流速度变化时，水轮转速跟着变化，输出功率不稳定，与降落伞式比较，螺旋桨式结构简单。

为了有效地转换洋流能，1973 年美国的美顿教授提出了"科里奥利"方案。就是将一组大型水轮发电机固定并悬浮于海中，其中心部件是一台二级转子，由一对反向旋转的涡轮机组成，装在一种能大量搜集洋流能量的导管内。涡轮机转子采用链片状叶片，它除像普通涡轮机转子一样，一端固定在中心轴上，其顶端与环形轴相连接，当洋流通过导管时，带动涡轮像风车一样转动而发电，这种发电装置最大发电量可达 100 万千瓦以上。

海洋传输带

全球海洋环流无疑会受到干扰,加速,减慢,或者是有规则的转向。事实上,20世纪最伟大的发现之一可能就是海洋内部的运动无论在时间还是在空间上都比以前想像的复杂得多。但这种运动仍不失为一种海洋传输带,或者可以说是传输热量的水中公路。表层水受到风力、压力及科氏力的作用,形成巨大的海洋环流,在这些环流中,热量由赤道流向极地。在高纬度地区,由于冰冷的空气和水、结冰过程以及风的蒸发作用,使新到达的表层水变冷,盐度变大。随着密度增大,表层水下沉向低纬度扩散,使整个海域充满了高浓度的冷的海水。海底水的运动经常受到海底山脊及柱状物的阻挡。但正如旅行者需要在冬天养精蓄锐一样,深水总是向热带地区运动,在此过程中一部分海水变暖上升到表面,重新进入环流,并再一次流向寒冷的北方,而一部分深水保留在大洋底部继续向南流去,与其他的深水混合,流向大洋盆地。海洋传输带赋予了地球另一种自然调节其热量分配的功能。风流和水的环流消除了地球上的受热不均,使热的区域不至于不停地过度受热而极地不至于成为永久的冰层。

波浪之谜

  风吹过大洋的表面不仅产生水流还有波浪——不断翻滚前进的浪峰,展示着其巨大的动力和源源不断的能量,并且它也在不断变化着。很少有其他海洋现象能有波浪之间如此的相似。任何一个在海边居住或在船上的人都对波浪非常熟悉,也知道它最终以浪花拍岸结束。在没有波浪时,大海平静得如一面镜子,正如寂静夏天的湖面,而当它们出现的时候,则可能是滔天巨浪,或暴风雨来临般狂乱的突变。波浪是冲浪者的幸运,对航行者则是逆境,也使海滩遭受浩劫。表面上看来,波浪将水输送到岸边,事实上水在不断地上下运动,几乎没有前进或后退。波浪是能量不断由大海向岸边流动的体现。

  实际上有两种力量导致了波浪的上下运动,扰动力和恢复力。扰动力包括风,地震,滑坡,小行星影响,大气压力的变化以及不同密度液体的混合。恢复力则包括重力和表面张力。当你向湖面或池塘扔一颗小石子时,一圈小波浪会以同心圆向外传播。这颗小石子就是一种扰动力,当它和水面相撞时,运动的能量(扔石子时所施加)由石子传递给水面,波浪作为一种恢复力由此产生。恢复力是由重力还是表面张力产生取决于石子的大小,无论何者,都有尽力使水面恢复原状的趋势。干扰力将水堆积成或大或小的水团。产生这种堆积即浪峰的水来自相邻的水团。当浪峰上升时相邻的水面则到达最低点。这时重力作为一种恢复力开始对浪峰产生作用,使之向下到达水平面。由于惯性,下降的水堆超

过了原来的平面形成新的浪谷,下降的水迫使相邻的水向下一个浪谷移动形成新的浪峰。于是相邻的浪峰变成浪谷,浪谷变成浪峰,这样波浪沿着水面传播。

如果对波浪中水团的运动进行跟踪,其运动状况将随着波峰到达,上升,向前传递,随后向下到达波谷,波谷经过后恢复原状。这种水的循环式的运动产生了波浪,并使人产生水在向前运动的错觉。只有当浪峰的高度比浪谷的深度大时,水才会有轻微的向前运动,否则它只会在原地周而复始地上下运动。

风是引起大海中波浪的主要因素。向水面投掷小石子时,能量的传播通过对水的挤压实现,而风引起的能量传播则是通过提升或压缩水平面来实现——就像旗帜飘在风中表面产生的褶皱。首先,风吹过表面产生细小的褶皱,这样产生了不平衡的表面更易于风对水面的作用。如果风持续地吹,这些小褶皱逐渐变大,最终产生大的波浪。起初它们短而陡峭,似乎来自各个方向,称之为风浪,当波浪从生成区向远处分散传播时变成滚动的小丘,称为涌。涌的产生是因为较长的波浪比较短的波浪传播快,这样从同一波源产生的波浪在传播中分成了不同的类别,先行到达的是较长较快的一组,随后是较短较慢的一组。当波浪到达岸边后,可以依据长波组和短波组之间的距离判断波源离岸的距离。

　　海洋表面的浪高取决于风的强度和持久性、水的深度以及风吹过的水面面积。通常,在较长的风区上吹过的强风将产生较高的波浪。波浪进入浅水时,底层水受到海底的摩擦,会有以下3个结果产生:波浪变短,变慢,变高。从概念上我们假设波浪底部变慢而顶部水的速度保持不变,这种情况下,波浪产生堆积而变陡,顶部水压倒了底部水,发生断裂。从本质上讲,波浪被它自己的脚绊倒了。

　　波浪在岸边破裂的形状取决于其高度、长度以及岸的倾角。浪在岸边破裂的同时也将能量带到岸边,波浪越高能量越大。在坡度比较平缓的海岸,波浪往往溢出,在整个激浪带逐渐地释放能量;而在较陡的海岸,波浪迅速倾泻而下,形成巨大的漩涡,在很小的区域内迅速地释放能量。如果海底非常陡峭,波浪可能直接向前并不破裂,因为相对于海底它们并不陡峭。在冬天或者暴风雨时,波浪尤其高而短,断裂时释放出更多的能量,由此引起大面积的海岸侵蚀。

　　波浪遇到海岸或海墙时也会发生发射,也可能在障碍物周围或深度变化的地方发生弯曲或折射。在深度的变化平行于海岸线的海岸,波浪的行为变得十分有趣,它总是试图侵蚀较高的地区而填平低洼的区域。当一系列波浪到达沿岸时,到达浅水的那一部分其速度首先变慢,其余部分则保持原有的速度。所以,波浪在较浅的区域会扭曲或打转,并使整个波浪的速度变慢。当你站在悬崖边或在低空飞行时很容易观察到波浪经过悬崖、桥墩或者是浅水区的情形。这就是波浪的折射,它使波浪在伸出海岸的较浅区域如岬角处集中,而在较深的海域如海湾处分散。这样,波浪在较长的时间里不断地侵蚀岬角,并将沉积物输送到海湾,从而使海岸变得平坦。

什么是海啸

自从海洋在地球上诞生的那一天起,滔滔不绝的海水就不断地倾泻而至,冲刷着海岸。人们熟知的海洋地震波,又称海啸,在日语的意思是"巨大的海港波",这种巨大的海浪使人们脑中出现了这样一些景象"水手和鲨鱼都上了树梢,远洋客轮搁浅在山峰顶上"。

1883年,在印尼被认为是死火山的卡拉卡托火山的一次爆发产生了巨大的海啸,其中一个浪高达41米(133英尺),速度达1130公里/小时。海啸卷袭了爪哇和苏门答腊海岸,摧毁了165个村庄,导致了36000人死亡。一艘名为Berouw的炮艇被掀起,向陆地方向移动2英里后坠落。建筑物被粉碎,树木剥落得如火柴梗,整个城镇被掀起。历史上,海啸曾经在日本、阿拉斯加、智利、希腊、印尼、夏威夷和俄罗斯引起过海难。美国圣女岛和圣托马斯的加勒比海岛,分别在1837年和1867年遭到了海啸袭击。最新的地质资料表明,1700年左右,太平洋西北部曾遭到大规模的海啸袭击。1998年,一次高度超过15米(49英尺)的海啸袭击了巴布亚新几内亚北部海岸,横扫整个村庄,导致了几千人的伤亡。毫无疑问,将来海啸还会发生。我们最好的预防海啸及其潜在危害的方法就是提醒沿岸居民警惕面临的危险和灾难。为达到这一目的,我们需要了解海啸的形成、运动以及到达海岸后的行为。

海啸可由地震、海底滑坡、小行星影响或者火山爆发引起。一旦产生,它们以一系列低而快速的海浪传播,高度通常为1米,速度约为

800~960公里/小时。对大海而言,这些咆哮的海水不过是温和的小兽,肉眼几乎无法觉察。船只在一次致命的海啸经过其底部时甚至会毫无觉察,危险在于海岸地带。

设想一下风吹过茶杯液体表面的情形,此时会形成细小的波纹。如果你晃动茶杯,较大的波纹会来回翻滚。同样,自然界中溅起的水波称为湖震,在大地震后的湖面或水库中可以见到。海啸通常以相似的形式产生,即由于剧烈震动和海底的形变产生。

在由风产生的波浪中,水的运动随深度减弱(离风的距离变远)。在深度约为波长一半处,水的速度减小96%。由于能量是随着水的运动传播,因此,在这种由风引起的水波的运动中,大部分的能量集中在表面。即使是较大的波浪,在表面以下的水中传播的能量也是很小的。而在海啸中,产生的能量导致整个水团运动,其运动速度不随深度发生明显的

变化,而且尽管海水表面波的高度并不高,至多只有几米,其包含的能量却是巨大的。此外,波浪能量减小的速度与波长成反比。海啸的波长很长,能量极大,输送很远的距离其能量损失也很小,这也就是它能对海岸造成灾难性后果的原因。

像其他到达海岸的波浪一样,海啸进入浅水区后开始接触海底,变慢,堆积,最后破碎,山一样地倾泻而下。海啸到来之前,通常是一个主要的压缩波导致海平面显著降低,因为大量的水被吸入到不断增长的水墙中。在传说里,冒险捕鱼的人们面对海水巨大的回退束手无策,因此顷刻间海啸到来,他们就会葬身大海。有文献记载的最大的一次海啸发生在1971年日本的琉球群岛,其浪尖超出海平面达85米(267英尺)。海啸的规模强度取决于当地地形、海岸线形状以及其运动方向。一次地震在某处只引起微波,而在其他地方可能产生海啸。海啸通常发生在太平洋海域,因为那里的地震和火山活动频繁。

为防止海啸带来灾难性的后果,科学家和各界人士正试图在太平洋建立一套有效的海啸预报系统。现有的预报系统包括海底一系列的地震检波器和固定的潮位仪站,它们持续地报道地震活动及海底运动信息,潮位站则监测海平面的变化。

什么是裂流

波浪到达海岸时也可以产生裂流,有时也被误称为裂潮。不慎卷入裂流的游泳者可能会被大海吞没。但是当人们了解裂流的特征后,就可以找到求生的办法。当波浪向岸边传播时,一系列的波峰线或波谷线平行海岸。冲浪者都知道,波浪的高度沿着这条线发生变化。波浪冲击海岸时,浪峰击岸处发生水的堆积,这些水由高处流向低处,然后流向大海,形成裂流。外海的海底地形通常控制着裂流的产生。同样,向海的水流经过海滩或者冲浪带的障碍物时也可以形成裂流。裂流虽然很危险,但其发生的范围很小。在与裂流抗争时,游泳者应沿着侧面或对角线游,而不应该逆流而上。

波浪也可以引起回转流,尤其在陡峭的海滩,从而形成沿岸流。回转流通常是波浪带到岸边的水回流向大海而引起的。波浪以一定的角度撞击海滩,就会形成微弱的沿岸流。沿岸流并不具危险性,但它们在沿岸泥沙的搬运中起着重要的作用。与岸平行的海流通常会给构筑沿岸防波堤造成麻烦。防波堤是一种垂直于海滨的人工构筑物,用来防止沿岸泥沙的流失。然而,泥沙在防波堤的一边堆积的同时会导致另一边受到侵蚀。正如一个人的河滩变得越来越宽敞时,他的邻居的河滩则会逐渐变小甚至消失。

每年,人们要花费上千万元来防止海岸侵蚀,但是海岸沉积物的流失是海洋自身运动的自然结果。比如在很多地方,冬天强烈频繁的波浪将大量的泥沙从海滩冲刷到离岸处形成沙洲,而到了夏天,相对较为平和的海浪又将泥沙搬运回海滩。有趣的是,某一海滩在冬天消失的话,一定能在下一个夏季得以恢复。对离岸沙洲的挖掘或者是人工构筑物都可能破坏这种自然平衡,从而导致海滩泥沙的流失。我们永远也不可能完全杜绝这种海岸侵蚀,因为它是大海运动的一种形式。虽然可以通过沙滩再造,构筑海墙沙洲,沙滩绿化等方法暂时减缓这种流失,但是一旦流失开始发生,就有可能再次发生。我们所有的最好的办法就是更好地了解海岸带大海的运动规律,找出与其自然规律相适应的解决方法,而不是徒劳无功地去阻止其自然运动。

  冲浪带是一个极不利于进行考察研究的区域,无论是人还是实验仪器在这里都容易受到侵蚀和伤害。因此,我们对这一区域波浪动力学以及沉积物运动的研究很有限。到了今天,随着更小巧更抗腐蚀性的仪器以及大型计算机系统的出现,人们可以获取更多关于海浪和海岸形成的信息。

海洋漩涡的成因

20世纪60年代末,海洋学家采用了许多新技术应用于海洋调研,使用海洋大型资料浮标投放,航空摄影,应用电子、声控、雷达、红外线、激光、计算机等先进仪器设备、机载仪器观测和空投仪器等手段,采用卫星观测海洋、资料传递处理等系统,使密切监测海洋的变化成为了现实。

科学家从调查的资料中,通过大型电子计算机的跟踪研究发现,在海洋中到处是漩涡,这些漩涡有大有小,方向各有不同,有些直径大约数百千米,存在的时间也有长有短,有的长达数月,有的转眼即逝。这些漩涡有的呈柱形旋转,从几百米直至几千米的海底一直延伸到海面,甚至带起的水柱高出海面几米到几千米,给航行罩上了可怕的阴影,它们一面以每秒20多厘米的速度旋转,一面迅速向前移动,科学家把这种漩涡称为"中尺度漩涡"。据前苏联海洋学家测量,一个顺时针方向旋转的"中尺度漩涡",其总能量为450亿尔格,相当于一次中等台风的能量。"中尺度漩涡"扬起的"水山",能吞噬所有的舰船,这可能就是不少飞机、舰船销声匿迹的原因。

地球是一个天然的巨大磁场,含有盐分的海水是良好的导体,根据电磁感应原理,导体在磁场中运动时会产生电流,随着漩涡旋转速度的增大,局部磁场会产生突变。因此"中尺度漩涡"出现时,由于磁场的变化,就会使电磁仪表等设备失灵,使船舰迷失方向,增加了出事故的几率。

"中尺度漩涡"的旋转方向有顺时针和逆时针两种。顺时针漩涡,中心向下沉,海水下沉的结果,使海水向下凹陷,形成一个巨大的凹面镜,当太阳光入射角为60~75度时,照射在一个直径为1000米的漩涡中,则聚光焦点约为1米,其温度可达几万摄氏度。如果漩涡的直径增大则聚焦点的温度更高,如此的高温,足以使过往飞机、舰船化为灰烬。根据历年发生此类现象的情况分析,大多发生在天气晴朗、海面平静的条件下,因此,为由漩涡引起的"百慕大三角"现象提供了有力的证据。现在看来这一令人恐惧的海洋漩涡,或许在科学技术高度发达的时候,还可能服务于人类。

"魔鬼三角区"之谜

1968年9月,一架"C132"客机正在晴朗的天空中飞行,突然飞机坠落入海,机上27人全部丧生。1973年3月一艘摩托船在风平浪静的海面上行驶,瞬间船沉于海,船上32人无一幸存。以上都发生在大西洋百慕大群岛附近三角形海区。20世纪50年代以来,上百架飞机和200多艘船只在这里失踪,上千人死亡。于是,人们往往把百慕大三角与死亡联系在一起,称之为"死亡三角"、"魔鬼三角"。一时间,众说纷纭,假说四起,种种疑问,百思不得其解。类似这样的海区远不止百慕大魔鬼三角区一个。全球发现的有10多个。例如在日本南部、中国台湾省东部的太平洋里都有一个类似百慕大三角区的"魔鬼区"。仅20世纪60~80年代就有几十艘万吨船舶在这一海域遇难或杳无音讯。对这些现象尽管提出了各种各样的解释,但始终没有令人满意的答案。

最初一种解释,认为是天气变化造成的,认为在高空常会出现很强的风垂直切变或水平切变,即上下两层的相对风速或左右两处的相对风速差别很大,从而形成局部的大气漩涡。这种急速旋转的大气漩涡,会造成局部的真空区域,吸引周围的物体,比如飞机、船舶卷入漩涡。由于漩涡无规则出现,有时稍现即逝,事先没有任何征兆。因此,即使天气晴朗,也很可能立刻发生一起突如其来的大漩涡,致使行进中的飞机遇难。但是,这种解释仍不能令人信服,因为事故发生后总找不到失事飞机的残骸,一切消失得无影无踪。

还有一些科学家提出了电磁激变理论，认为飞机、船舶失事，是因为电磁激变引起仪表突然失灵。这样会导致飞行员或船舶舵手不辨方向，引起恐慌心理使飞机和船舶失事。为了证实这个理论的正确性，美国海军曾在海上

进行过一次试验。用磁发生器在一艘船的周围产生一个巨大的磁场，其效果令人惊讶。当强磁场开始产生时，出现了模糊不清的绿光，不一会儿，绿色薄雾便笼罩了全舰，接着整艘船只消失，舰上官兵也彼此看不见了。事后，不少船员精神失常或死亡，使周围人群惊恐万分，实验似乎证实了电磁激变的假说。但也有人提出该理论的缺陷，一是试验产生的人工磁场太强烈，百慕大"魔鬼三角区"不可能形成如此强大的天然磁场；二是电磁激变虽然功效显著，但不至于使飞机、舰船等毁尸灭迹，而且侥幸生还者还大有人在。所以电磁激变假设也难以解释这一现象。

还有学者提出是太空人、星外来客乘飞碟探索地球所造成的。认为太空人比地球上的人类更聪明、科技更先进，他们乘坐的飞碟具有极其强大的电磁能，或在飞碟周围形成一个真空区，把舰船、飞机吸进去或者化为碎片。然而至今，还未找到飞碟存在的任何论据。

蓝色聚宝盆

一位美国宇航员乘坐宇宙飞船在太空遨游时,惊奇地发现,我们人类的摇篮——地球,竟是一颗蓝色的星球。

这是怎么一回事呢?原来,地球总面积是5.11亿平方公里,其中陆地面积只有1.49亿平方公里,而海洋面积为3.62亿平方公里,约占地球总面积的70.8%。因为海洋是蓝色的,所以在宇宙飞船上远远地看,地球是一颗蓝色的星球,叫"水球"更合适。

无疑,浩瀚无边、深不见底的海洋比陆地具有更广阔的空间。那么,海洋是否有人类生存所需要的物质基础呢?

辽阔、富饶的海洋,不仅是生命的摇篮,也是人类巨大的"蓝色宝库"。

海洋的自然资源十分丰富。水能把好多矿物溶解在自己的"身子"里,是一种"万能溶剂";水又是勤劳的"搬运工",把陆地上的各种矿物不断地搬运到大海里。科学家计算过,现在全世界的江河每年从陆地带进海洋里去的溶解物质就有30亿吨。就这样,一年又一年,海洋里的矿物元素越聚越多,它也就变成了一个巨大无比的元素宝库。在地球上已经发现的100多种元素中,在海水中就发现了80多种,其中70多种都可以提取出来。据科学家估算,在全世界的海洋中,贮藏着2100万亿吨镁,600万亿吨钾,100万亿吨溴,1900以亿吨铷,140亿吨锌,416000万吨铜……就连稀少珍贵的原子能燃料锂和铀的含量也高得惊人。分别是2600亿吨锂,40多亿吨铀。

工业上用途广泛、被称为"化学工业之母"的食盐，主要来自海洋。整个海洋的盐量，可以做成一个直径为350千米的巨大盐球，可以把北冰洋填平还有余。从海水中取出的盐，除6%供食用外，其余可用来做14000多种产品。

海洋中蕴藏着极其丰富的资源，其中石油的储量占全球石油的50%以上，大洋深处的锰结核富含锰、镍、铜、钴等多种有色金属，它们不仅储量丰富，而且还在"疯狂"生长。还有众多而富集的滨海沙矿。而这些都是人类发展经济的重要资源。

浩瀚无垠的海洋，到处都充满着生命。五彩缤纷的藻类随波荡漾，披胄戴甲的虾蟹追逐嬉戏，顶风冲浪的海鸟拍击长空，千姿百态的鱼类遨游海底……这里生活着20多万种海洋生物。它们为人类提供了丰富的食物，是人类获得蛋白质的重要来源。

汹涌翻腾的海洋，蕴藏着巨大的潮汐能。潮汐能是一种巨大的海洋动力资源，人们称誉为"蓝色的煤油"。海水受月球和太阳的吸引作用，同时产生两种运动，一种是垂直的升降运动，这就是涨潮和落潮，即潮汐；另一种是水平运动，这就是潮流。潮汐和潮流包含的能量，都称为潮汐能。潮汐能一般在深海并不大，它们绝大部分集中在近岸浅水地带。我国黄海就蕴藏着5500万千瓦的潮汐能，这就为人们向大海索取电力提供了基础。

而水是生命的源泉，它和空气一样重要。被誉为"未来的燃料"的重水，在海水中的含量比陆地上多。从重水中可以提取氢的同位素，现在正在用它来进行热核反应试验，已初步获得成功，它将成为取之不尽的能源。

潮汐之谜

多少个世纪以来,人们就注意到了大海的潮涨潮落。在有些地方,海平面每天变化一次,有的是两次。一天之内水面的变化可能是几厘米或者超过10米。在由开阔的海面进入狭窄海湾的类似于烟囱状的海岸,其海平面的变化最大。新斯科舍州(加拿大)的范迪海湾就是一个例子,其潮水可达13米(43英尺)高。船只在高潮时安然地浮起,在低潮时则搁浅。潮汐也可以引起快速移动的波浪。在亚马逊河,由于潮汐、狭窄的海岸线以及深度的变化的联合作用,可以产生高达5米的大浪,向上游推进的速度达到20公里/时(12mph)。在中国北部,也有类似的潮波经过,其速度可达25公里/小时,高度可达8米。

潮汐对海洋生物也起着重要的作用。海岸带动植物的分布通常由潮汐控制,其他海洋生物的生殖繁衍也以潮汐为基础。在春夏季的加州海岸,一种名为银汉鱼的小鱼开始出现并产卵。在潮水最高时,银汉鱼被搬运到海滩,在潮水退去之前的很短时间内完成产卵、孵化、掩埋等一系列过程。成年的鱼被搬运回到大海,而鱼卵则保留在温暖的泥沙里孵化,等待下一个大潮的来临。在五六月的东海岸,鲎以同样的方式生息繁衍着。

很早,人们开始寻求对潮汐有规律变化的解释。有人说是天使的脚在海里抬起或放下产生了潮汐。另一个早先的解释是潮汐反映了一只大鲸的呼吸循环过程,吸气是潮落,呼气时潮涨。而第一次对这种现象进行较为科学解释的是牛顿和他的万有引力理论。

牛顿的理论认为,宇宙万物之间都存在相互吸引的力,这种力与物体的质量成正比,而与它们之间距离的平方成反比。换句话说,任何物体相互之间都有引力,物体质量越大,引力越大,相距越远,引力越小。月亮和太阳都对地球施加引力。由于水并非紧密结合在地球上,这种引力就产生了一种向外拉的趋势,并由此产生很长的水波,这就是潮汐。另一种向外的力是由于月亮和地球绕着某一公共点旋转而产生。地球比月亮大,公共点更靠近地球,类似于一个成年人和一个孩子分别坐在跷跷板上,为了平衡,成人必须坐在更靠近中心的地方。维持地球和月亮运动的这种力指向内,称之为向心力。为了更清楚地了解其作用情况,我们需要考虑作用在相反方向的另一种力,称之为离心力,它使运动物体产生向外逃离的趋势。地球上的任何一点都受到来自地月系统中心的离心力作用。正是这两种力,万有引力和离心力,产生了地球上的潮汐。

地球表面靠近月球的点比远离月球的点受到的引力更大,而离心力在各处是一样的,不同点受到不同的净作用力产生了潮汐。如果地球不转动且完全被水覆盖的话,它将会呈现椭圆形,与月球的轴线平行。在此基础上我们考虑到地球的自转,则地球上几乎任何一点都会经历两次高潮和两次低潮,一天两次轮回。但是月球并不完全与地球赤道呈平行排列,而是有一个交角,所以这个椭圆稍有倾斜。现在我们就可以理解为什么有的地方是半日潮,有的地方是日潮。

在某一特定的地方,每天潮汐发生的时间依次后推一小时。月球绕地球一周需29.5天,因而相对地球而言,月球更向东移一点。地球在公转时,必须略微超过它原来的起点才能与月球公转保持一致。这就是潮汐每天滞后一小时的缘故。

太阳也能引起地球上的潮汐现象,虽然太阳比月亮大得多,但它距地球比月亮距地球远400倍。由于其距离遥远,太阳潮汐平均起来不及月亮潮汐的一半。但是当太阳和月亮在满月呈一条直线时,其引力相结合就会产生最大的潮汐,即大潮。当月亮和地球呈垂直的角度时产生最小潮。大潮和小潮的交替每两周发生一次,和月球的自转同步。其他影响潮汐的因素很多,主要包括地球相对其本身轴线的倾斜,行星之间运动时距离的变化等。

当然,我们必须回到真实的行星上来,地形、海洋深度的变化以及海岸线形状都会对潮汐产生影响。所有这些因素使潮汐在不同时间不同地点呈现不同的变化。由于潮汐的作用类似于长波穿过水面,科氏力又会对其产生作用,所以潮汐在大洋盆地的运动实际是一种环流,在北半球向右偏,南半球向左偏。现在的计算机模型通过将月亮、太阳的引力、科氏力、海底盆地地形、深度及基底线的测量等因素结合起来,可以准确地预报世界各地潮汐发生的时间和潮高。

日潮汐循环

地球一天自转一次,在海岸边或附近的人们就可以在它到达潮汐凸起区时观察涨潮与落潮,高潮通常间隔12小时25分钟发生。由于地球自转,东部地区总比西部地区较早穿过潮汐凸起区。因此,你沿海岸线越往西走,越迟看到高潮出现。

在某些地方,一天中的两次涨潮与两次落潮都比较容易观察到,但在某些地方,涨落潮时水平面的变化并不明显,甚至会让人感到一天只发生一次涨潮与落潮。这种情况在美国得克萨斯和西佛罗里达沿海较常见,这是由墨西哥湾平缓的洋底引起的。

影响某个区域潮高的因素很多。例如,在某一天,美国加利福尼亚

南部的高潮的高度未必就与俄勒冈州太平洋沿岸的相同。地形，如海角、半岛和岛屿阻碍了水的运动。如果河口是一个盆地，就会增加潮水的范围，当洋流进入一个相对狭小的河床时，它的速度和深度会增加，这也就是圣约翰河河口著名潮汐形成的原因。

月潮汐循环

尽管太阳距离地球有 150000000 千米，但它对地球的引力依然足以对潮水产生影响。有时月球和太阳对地球水体的拉力是处于同一方向的，其他的时候则处于不同的方向。地球、月球和太阳三者位置的变化影响一个月中每天潮水的高度。

(1)春潮。 地球、太阳和月球一个月有两次是成一直线的，即新月和满月的时候。这时候引力的拉动作用产生最高潮和最低潮，称作春潮(spring tide)。该潮水的得名并不是因为它们发生在春天，而是取自于一个古英语单词"sprinen"，意思是跳跃。

(2)小潮。 在两个春潮的中间，当月球转过 1/4 和 3/4 时，太阳和月球成直角彼此拉动，这种排列产生了小潮(neapde)，即高潮与低潮之间的区别极小的潮。在小潮期间，太阳的引力使面向月球的潮汐凸起部分的水体被部分地拉了回来。这一作用使得潮水的高度降低，减少了高潮与低潮之间的差距。

(3)每月潮汐表。 尽管影响潮水的因素错综复杂，但科学家们根据对月球和地球的运动、海岸线的形成以及当地情况进行综合分析，还是能够相当精确地预测不同地区的潮汐情况的。如果你住在海岸附近，当地报纸很可能会刊出一张潮汐表，因为知道潮水的时间与高度对水手、海洋科学家、渔民和附近居民都是很重要的。

潮汐在潮涨潮落时也能产生潮流。潮流是潮涨和潮落之间的过渡带，在高潮和低潮时这种潮流很微弱。潮水进入海湾或河口时，其冲击力通常胜过洪水。涨潮时大量的水通过狭窄的入口进入海湾，落潮时又一次涌向大海，产生强烈的水流。向海的潮流的速度能够因为河流的加入而得到加强。此外，如果在大潮或高潮期有大的海浪袭击过沿岸，洪水泛滥及海岸的侵蚀将尤为严重。

海底世界

俗话说,海上无风三尺浪。那么,海洋深处是否就是风平浪静的呢?海洋深处是一个漆黑的世界,安静而神秘,任凭海面上风吹浪打,深海鱼儿仍然悠闲地游来游去。但平静是暂时的,有些时候,大洋深处也会汹涌澎湃。

1893年,一支考察队去北极探险。船行至挪威海时,海面上风和日丽,一片平静,但探险船的前进却越来越困难,船底下就像被什么东西黏住了一样。海面上并没有风浪,是什么因素阻止了航船的前进呢?

后来,人们才知道,是海面下的波浪拖了船的"后腿"。海洋学家把海面下的波浪称为"内波"。

海面上的波浪,主要是由于空气的流动风引起的。但空气的流动根本不会影响深层海水,那么"内波"是怎样形成的呢?

原来,由于阳光照射能量的不同,海洋中各处的海水温度有差别,含盐量也不同,这样就造成了各处海水密度的不同。如果海水密度在垂直方向不一样,就会造成海水分层,层与层之间的海水密度相差较大。在外力作用下,不同密度的海水层之间就会形成波动现象。尤其是当上层海水的密度比下层海水的密度大时,这种现象更容易发生,这就是"内波"。

然而,内波却是肉眼看不到的,只有通过对海水水文要素测定,才能确认内波的存在。检测表明,海洋中内波的波高从十几米到几十米,高的能达到数百米。

当航船遇到内波时，除了克服海水的阻力外，还要克服内波的影响，因此要维持前进速度就得付出更多的能量，表现出来就像被海底的什么东西黏住了一样。

大海深处除了有波浪以外，还存在着大大小小的漩涡。这些漩涡是巨型的旋转水柱，直径从几米到几百米，而高度则可以从海面一直延伸到海底几千米深处。它们一边快速旋转，一边向前移动，这种情况与大气中的台风现象很类似，因此其中巨大的漩涡又被称为"海底台风"。

海底台风包含着巨大的能量，毫不逊色于海洋表面大气中的台风。在水下航行的潜水艇如果遇上海底台风了，就可能被打裂撕碎。

那么，是什么力量促成了这种海底漩涡的形成呢？

但迄今为止，海底台风的奥秘还没有被彻底解开。有一种理论认为，海底台风是由大洋中的海流形成的。在大洋中存在着许多大的海流，如湾流、黑潮等，但这些海流并不是做直线运动，而是弯弯曲曲地像蛇一样在大洋中穿行。在一定的条件下，某一段海流会弯曲得特别厉害，最终脱离"大部队"，变成一个封闭的海水漩涡，一边旋转一边前进，并进一步演化成为"海底台风"。

说海底也有瀑布，你肯定不会相信。但这确实是真的。

深海中不仅有瀑布，而且其规模要比地球陆地上的瀑布大得多，还有由下向上倒着流的深海大瀑布呢!

我们知道大洋中海水的密度是不均匀的，由此造成了海水的流动。如果海水的密度上面大下面小，就会形成下降海流。在密度差别特别大的地方，就可能形成壮观的深海大瀑布。在某些海域，海水的密度是上面小下面大，这样就会形成一种"倒过来"的瀑布。目前，已经发现的地球上规模最大的深海瀑布在丹麦海峡。在那里的深海中，一个宽约200千米、高约200米的海底瀑布蔚为壮观，飞流直下的海水每秒钟的流量达500万立方米。这还不算，海水继续沿洋坡顺流而下，总落差达3500米左右。

除丹麦海洋之外，在世界上的许多海域都发现了深海瀑布，如冰岛法罗瀑布、巴西深海平原瀑布、南彼得兰群岛深海瀑布、直布罗陀海峡海底瀑布等。

海岸地貌

你到过海边吗?当你感受清新的空气、享受舒适的海水浴时,是否也被海岸的风光所吸引呢?

海岸是邻接海洋边缘的陆地。也就是说,海岸是我们观海时,当时海水边的那一带陆地。地貌学上的海岸就不同了,它是指现在海陆之间正在相互作用着和过去曾经相互作用过的地方。

地理学家把海岸简单地划分为两种类型:一类是由非海洋因素所形成的海岸;另一类则主要由波浪和海流的作用形成。

许多海岸的形状是陆地上的流水作用造成的。由于侵蚀作用,河流在流入海洋时,切出了河谷。这些河谷尽管现在被海水淹没,但形状却大致保持了下来。

河流挟带沉积物经过漫长地质历史时期的沉积,可以生成弧状或鸟足状的三角洲或者连绵的沉积平原,潮起潮落,留下无数五彩斑斓的贝类。

冰川也有助于海岸的形成。冰期时大冰川的覆盖与切割会在地表留下冰川作用的痕迹。一些称为峡湾的深谷就是冰川在海平面以下的地方切出来的。冰川消退后,海水淹没了这些深谷,形成峡湾。

火山作用也能形成海岸。在夏威夷群岛和日本、东印度群岛等地有明显的例证。

上面说的这些海岸都是由非海洋因素形成的,而波浪和海流形成的海岸更是鬼斧神工。海的破坏性作用叫海蚀作用。海蚀作用会形成高度大致相同、断续分布的洞穴。这些洞穴或大或小,高低错落,宛如海岸上跳动的音符,当海风掠过时会发出呜呜声音,相互唱和。这些洞穴在波浪的长期作用下,不断加深和扩大,顶部崖岩悬空,以致在重力作用下崩塌,这样就会形成陡崖。站在崖上看千帆点点,波澜壮阔,使人心旷神怡。

最让人叹为观止的,还是一些洞穴在相向波浪的强烈作用下被蚀穿相互贯通,形成拱门状的地形。以后在海岸看见一些天然的石拱桥,可不要太惊奇哦!

海洋沉积下来的物质,通常使海岸线变得较为平直。例如美国得克萨斯州的外海海岸,便是沙滩沉积作用造成的。但沉积作用也可以造成海岸的曲折,特别是在比较严直的海岸上伸出来的地方更为明显。沙嘴可能是在两个相邻的涡流中间夹着一个静水带的地方形成的,由海流搬运的沉积物被带进静水区就会沉积下来。

在热带海洋的沿岸地带,各种造礁生物如石珊瑚、石灰质藻类、水螅虫类和苔藓虫类在海岸形成中也起着积极作用,它们从海水中吸收石灰,并以之建造自己的骨骼。在珊瑚和藻类死亡或者它们被波浪和激浪击碎以及破碎产物后来被胶结的过程中,由这些骨骼形成块状岩——珊瑚灰岩或礁灰岩,形成了特有的海岸线。

美丽的海岸地貌风光千姿百态,是大自然的杰作,也是一道独特的风景线。

海底山脉

和陆地一样，海底并不是一马平川，它也是一个跌宕起伏的世界。

陆地上有连绵的群峰，海底有雄伟的山脉；陆地上有巍峨的青藏高原，海底有逶迤万里的太平洋东部高地……海底山脉绝不比陆地的崇山峻岭逊色，这已经被无数次科学考察所证实。

早在1918年，德国一艘名为"流星"号的海洋考察船在大西洋进行海底考察时，偶然从回声探测仪上发现，大西洋中部的海底比两边高出许多，由东往西竟是1000千米长的凸起高地。这使科学家们惊叹不已。

在这之后的3年中，他们做了几万次探测试验，终于发现那里隐藏着令人难以置信的海底山脉。

后来，通过对大西洋的全面调查，科学家们找到了这条山脉的"两极"。它始于冰岛，经大西洋中部一直延伸至南极附近，弯弯曲曲长达一万多千米。山脉走向与大西洋的形态一致，也是"S"形，平均宽度在1000千米以上，比两侧洋底平均高出2000米。它是由一系列平行的山系结合在一起形成的，山脉露出水面的顶峰，组成了一串珍珠般美丽的岛屿，其中包括冰岛、亚速尔群岛、圣赫勒拿岛与特里斯坦—达库尼亚群岛等。

然而，大西洋海底这座使人难以想像的山脉，却只是全球海底山脉不起眼的一部分。

海洋学家在研究了世界各大洋的探测资料后宣布：世界各大洋底

都存在着类似的海底山脉。如果把它们像火车一样一节节地接起来,总长度超过65000千米,可以绕地球一圈半。而且,它们的高度一般不超出相邻的海洋底1000米至3000米,宽度超过1000千米,总面积相当于亚、欧、非、美洲全部陆地面积之和。

洋底的地形分布也有一定的规律。在各大洋中,都有大致作南北走向的巨大的海底山脉,绵延1万多千米,在洋底东部还有一个大洋中脊。印度洋中部除存在一条"人"字形的中央海岭外,东部还有一条南北走向的长达6000千米的东印度洋海岭。北冰洋虽然较浅,但在中部也有两条略成南北走向的海岭。

在海底山脉的两侧,多为大洋盆地,深度一般在3700~6000米之间。大洋盆地中分布有孤立突兀的海台和较为平缓的海底高原。它们将整个大洋盆地分割成若干个海盆,较大的有,太平洋中的东北海盆和南太平洋海盆等。印度洋中的中印度洋海盆、西澳大利亚海盆和南澳大利亚海盆等。大西洋中的西欧海盆、佛得角海盆和巴西海盆等。北冰洋中的南森海盆、加拿大海盆和马卡罗夫海盆等。

风光绮丽的夏威夷岛,就是太平洋海底山的一部分。它的最高处超出水面4200米,而山根却在水下6000米的深处。也就是说,这座海洋山峰的高度在1万米以上,竟比珠穆朗玛峰还要高1000多米。

科学家们发现,海底山脉多数是由橄榄岩、玄武岩等火山岩石构成的。它们并不是杂乱无章的,而是呈条带状排列着。海底山脉多发育在海底高原和隆起的高地上。这些高原、高地是岩浆喷发时形成的。

科学考察表明,海底地壳下岩浆对流活动时,地壳发生裂隙,岩浆沿着这些裂隙喷发到海底表面,造成了纵横数千米的海底高原和海底高地。而在这些高原和高地上,又升起一座座海底火山。经过漫长的岁月,火山喷发形成的火山岩便堆成了今天的海底山脉。

死亡岛

在距北美洲北半部加拿大东部哈利法克斯约一百公里的北大西洋上,有一座令船员们非常恐怖的小岛,名叫"赛布岛","赛布岛"一词在法语中的意思是"沙",意即"沙岛",这个名称最初是由法国船员们给它取的。

据地质史学家们考证,几千年来,由于巨大海浪的凶猛冲击,使这个小岛的面积和位置不断发生变化。最初它是由沙质沉积物堆积而成的一座长120公里、宽1公里的沙洲。而在最近200年中,该岛已向东迁移了20公里,长度也减少了将近大半。现在岛长只有40公里,宽度却不到2公里,外形像又细又长的月牙。全岛一片细沙,十分荒凉可怕,没有高大的树木,只有一些沙漠小草和矮小的灌木。

此岛位于从欧洲通往美国和加拿大的重要航线附近。历史上有很多船舶在此岛附近的海域遇难,近几年来,船只沉没的事件又经常发生。从一些国家绘制的海图上可以看出,此岛的四周,尤其该岛的东西端密布着各种沉船符号,估计先后遇难的船舶不少于500艘,其中有古代的帆船,也有现代的轮船,丧生者总计在5000人以上。因此,一些船员对此岛非常恐惧,称它为"死神岛"。

在西方广泛流传着有关"死神岛"的许多离奇古怪的神话传说,令人听而生畏。"死神岛"给船员们带来的巨大灾难,激发科学家们去努力探索它的奥秘。为了找到船舶沉没的原因,不少学者提出了种种假设和推断,例如,有的认为,由于"死神岛"附近海域常常出现威力无比的巨浪,能够击沉毫无防备的船舶;而有的则说,"死神岛"的磁场不同于其邻近海面,且变幻无常,这样就会使航行于"死神岛"附近海域的船舶上寻航罗盘等仪器失灵,从而导致船舶失事沉没;较多学者认为,由于此岛的位置经常移动而它的转移也在不断变化,岛的附近又大都是大片流沙和浅滩,许多地方水深只有 2~4 米,加上气候恶劣,常常出现风暴,因此,船舶很容易在这里搁浅沉没。关于"死神岛"之谜,仍需要今后继续深入探索和研究。

岩心的奥秘

当从深海中采集到一个沉积物岩心时,一部有关大洋的生物、地质、化学、地球气候和板块运动的丰富历史就展示在我们面前。但是解译沉积物岩心所展示出来的信息是一件棘手的事。不但海底以上的水体和空气中的条件随着时间要发生变化,而且由于板块构造运动,海底的真实位置也在变化。那些研究岩心样品的人变成了地质侦探,他们靠着知识、经验、想像力和一些简单的原理来帮着解译一个深海岩心的秘密。

在沉积物层完整的没有经过扰动的岩心中,年轻的沉积物覆盖在老的沉积物之上。换句话说,岩心的底部的沉积时间比岩心顶部早。如果一个岩心中的壳体或灰层可以做测年的话——通常利用放射性技术,那么,测年部分上面的沉积物的年龄要比测出的年龄小,而测年部分下面的沉积物的年龄则相对要老一些。这就像把一张测过年的报纸扔到一个垃圾箱里,报纸下面所有的垃圾都是这些天以前的,而上面的任何东西都是这些天以后的。

沉积物层的厚度是其形成时间和沉积物层产生过程的一种量度。例如,一个火山灰的薄层与一个缓慢沉降而成的细有孔虫软泥相比,代表的几乎就是一瞬间。沉积物厚度还可能受压实作用的影响。近岩心底部的沉积物被压缩的程度将比近顶部的大。海底生物在沉积物上爬行或掘穴,使沉积物发生混合,模糊了沉积物界面,从而模糊了岩心的地质记录的时间历史。即使有这些困难,根据我们对板块构造、海底扩张和海底沉积物的现代分布的认识，通常还是能从典型的深海岩心的沉积物推断出地质历史。下面描述的这个典型的，但是纯理论的例子，从中可以看出一系列的事件和它们导致岩心形成的过程。

在大洋中脊的顶部，熔化的岩石冷却形成洋壳的黑色凹凸不平的岩块或光滑的枕状玄武岩。当海底从中脊顶部向两边扩张时，黑色的火山地壳变老、冷却。冷却使地壳产生收缩，密度增大，沉入下伏的地幔中。因而上覆水体的深度增加了。事实上，用几个似乎可用的简化的关系中的一个，是可以根据海底的深度计算出一个估计的年龄的。

在新地壳上覆的水体中，黏土的细薄片和有孔虫的小壳体不停地向下沉降。起初，地壳上盖上了一薄层白色的软泥毯。随着时间的流逝，沉积物毯变厚了。只要海底一直浅于4~5公里，碳酸钙沉积物就堆积着，在数量上大大超过了黏土。在这样的地点取的岩心将有两层——基底是黑色的火山地壳，上覆着浅色的碳酸钙软泥层。

时间流逝，海底在继续扩张沉降着。现在海底的深度大约在6公里以下，当碳酸钙壳体向海底落下时，就溶解了。不久，沉到海底的物质只有黏土的细薄片了；有些颗粒经过海洋生物的消化过程而包裹上一个有机套。由于某种原因，海底扩张的速度慢下来后海底上形成了一层褐色的厚黏土层。这时取得的岩心包含三层：洋壳、碳酸盐软泥、黏土。

加勒比海中的小岛上发生了一次规模巨大的火山喷发，大量的火山灰被喷向空中。随后的一年里，一层细的火山灰沉降到世界的大洋中，在海底上形成了一个薄层。等所有的火山灰都沉降完，又只剩下黏土堆积了。这时采集的岩心从下到上有五层：洋壳、碳酸盐软泥、黏土、火山灰、黏土。

虽然海底一直以缓慢的速度扩张，但现在海底已靠近海岸，进入海岸上升流区。硅质生物的壳体以异常丰富的量沉降着，以至超过了微小的黏土颗粒,开始以放射虫软泥的形式堆积。这时采集的最终的岩心有六层,在原来的五层顶部增加了一层灰色的富含二氧化硅的沉积。随着时间一点点过去,海底渐渐扩张,我们这块大洋海底的部分被赶进海沟,消亡在下伏的岩石圈里。少量的海底和上面的沉积物从向下运动的板块中被刮下来,加入到消亡带另一面的大陆板块上。对于消亡的板块,地球内部不断增加的温度和压强熔解了其剩下的洋壳和沉积物。一些熔体经过再循环重新进入岩石圈,一些被迫向上运动,穿过上覆岩石的裂隙和孔洞。就成了现在沿着大洋边缘的一个休眠火山的下面的一个充满了熔化的岩浆房。如果火山在若干年后喷发的话,谁能猜出,它的火山灰和岩浆中的一些物质曾在海底待过,甚至在更早的时候,曾是存在生命的生物海洋的一部分。

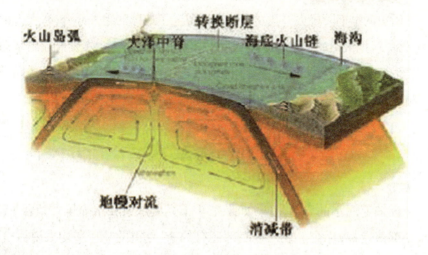

板块构造

海水的化学构成

如果你曾在海中游泳并不小心喝进一些海水,你就知道它是咸的。为什么呢?有一个古老的瑞典神话里说,这是由一个魔术磨臼引起的。这个磨臼可以磨出主人需要的任何东西,如鲱鱼、麦片粥,甚至金子。后来,一位贪婪的船长偷了这个磨臼,将它带到了自己的船上,但不知道它的使用方法。他命令磨臼磨出盐来,结果却没有办法让它停下来。于是磨臼不停地磨出盐来,直到把船压沉。按照这个神话,磨臼现在还在海底,而且还在不停地磨盐呢!

也许从来没有人会把这个神话当真。对海水盐度的科学解释,应该从地球历史的早期阶段去寻找。当时海洋覆盖了地球的绝大部分,海底火山经常爆发,把大量的化学物质喷到水里。渐渐地,随着火山爆发而喷出来的熔岩形成了陆地。雨下在裸露的土地上,把很多化学物质从岩石上洗刷下来流入海洋。久而久之,这些溶解的物质聚集形成了现在的洋底。

盐的海洋

你知道海水的含盐量吗?如果把 1 千克海水放在水壶里煮,直到把水全部蒸发掉,你会发现水壶底部还有约 35 克重的盐。平均来说,1 千克海水中约含 35 克的盐——即含盐量为 35‰。含盐量是指水中所溶解的盐的总量。

海水中含有丰富的食盐——氯化钠。当氯化钠溶解在水中时,它电离成钠离子和氯离子。海水中的其他成分,如氯化镁等,也以同样方式形成离子。总的来说,海水中,氯离子和钠离子占了海水中离子总量的86%。当然,海水中还含有钙、钾和其他一些有机物需要的成分,如氮和磷等元素。

(1) 含盐量的变化

在海洋的大部分区域,含盐量一般都在35‰之间。但由于雨水、降雪和融化的冰增加了淡水量,所以海洋中有些区域的含盐量相对较低。此外,亚马逊河、密西西比河等大河流的入海口附近含盐量也比较低,因为这些河流将大量的淡水汇入海洋。另一方面,水分蒸发则会导致海水含盐量的增加。例如,气候干热的红海,含盐量高达42‰。极地附近海洋中含盐量可能更高,这是因为那里的洋面结了冰,而盐则留在了冰层下面的水中。

(2) 含盐量的影响

含盐量的多少对海水的物理性质产生重大影响。例如,海水在-1.9℃时才会结冰。

这是因为盐的存在妨碍了冰晶体的形成,盐充当了防冻剂的角色。海水的密度也比淡水大,每升海水的质量比同体积的淡水大,所以海水具有更大的浮力,可以使密度比它小的物质浮在海水上面。这就是鸡蛋在盐水中比在淡水中浮得高的原因。

气体

正像陆地生物消耗空气中的氧气和其他气体一样,海洋生物也要消耗溶解在海水中的气体。生物所需的两种气体是氧气和二氧化碳。

海水中的氧气来源于大气和海洋中的海藻。海藻利用阳光进行光合作用,并向海水释放氧气。一般来说,海水中的氧气含量要比大气中的少,而海表面的氧气含量则要相对丰富些。但二氧化碳的情况正好相反,海水中二氧化碳的含量约是大气中的60倍。藻类需要二氧化碳进行光合作用,有些动物如珊瑚也需要消耗二氧化碳,即用其中的碳来合成它坚硬的骨骼。

温度

每年的元旦,新英格兰的冬泳爱好者都要在冰天雪地的大西洋上畅游戏水,而那时波多黎各海滩的人们却已经在享受着温暖的海水了。跟陆地的情况一样,海水的温度也随地域与气候的不同而不同。

宽阔的海洋表面尽情吸收来自太阳的能量。由于温水的密度较小,所以它总是位于上层。在赤道地区,表面温度经常达到25℃,即与室温差不多。随着离赤道越来越远,海水的温度也随着降低。

海水的温度影响它的氧气含量。极地的冷水比赤道的温水能溶解更多的氧气。但赤道的洋面还是有足够的氧气来维持多种生物的生存。

深度与环境

站在轮船的甲板上向下看青绿色的水体,你可能会认为下面大量的海水是一样的,但事实上,从海水表面到深水处,环境变化是很明显的。如果你从水面下潜直到洋底,你会看到如"探索水体"中所描述的各种变化。

(1)温度降低

如果你带着温度计慢慢潜入海洋,你会发现随着深度加大,海水温度降低。海水一般分为三个温度层：第一层，即表层，通常是表面到水下100~500米之间；接下去是过渡层，从表层底到下面的1千米左右，在这一层中温度迅速下降到4℃；再接下去就是深层，在大多数海洋里，深层的水一般维持在3.5℃左右。

(2)压力增加

压力是由上层海水的重力所产生的。从表层向下到洋底，压力持续增加。洋底的平均深度为3.8千米，那里的压力约为地球表面气压的400倍。到达40米的深度。要想在更深的水下存活，则需使用潜水艇，它是用抗压的坚硬材料建造的水下交通工具。在潜水艇里，科学家们可以直接观察洋底、采集标本和研究深层海水的化学性质。

海水"燃烧"

乘船出海的人,往往会被一种称为"着火的水"或"燃烧的海"的景象所吸引。晚上,整个海面闪烁着可怕的光亮,使人惊奇万分。其实,这并不足以为奇,它是由简单的单细胞有机体所致。这种由生物有机体发出的光叫做生物光。

绝大多数的单细胞有机体在受到周围条件刺激时,都会发光。但有些只在夜间才发光。大约有40种有机体能发出生物光,其中以萤火虫或称发光甲虫最为知名。萤火虫能够控制自身的光亮度,并以此作为雄雌之间的联系信号。别的昆虫,如生活在热带森林区的有锯齿触须的甲虫和灯笼飞虫,也能发出强烈的光。有位军医曾在一瓶锯齿触须甲虫的光亮下,成功地做完一次手术。

另一种有趣的发光生物是在东方海域发现的水蚤。这种生活在沙子里的小动物只在晚上出来,当它四处走动时,便分泌出一种发光物质。奇怪的是,它所发的光呈蓝色,而绝大多数发光生物所发的光是白色或黄色。

在波多黎各海南海岸,有个咸水湖,那里是世界上拥有发光生物最多的区域之一。漆黑的夜晚,呈现在人们面前的场面十分引人入胜。当摩托艇带着游人驶入湖上时,船首好像进入火墙之中。沿着船首,闪着光亮的湖水呈曲线状向后倒去,船尾波上留下一缕亮光,似乎游艇下有个巨大的泛光灯。这时,只见成千上万的小鱼虾从船边急速逃开,搅动着这些发光的有机体。游艇掀起的水波一直冲到环绕着咸水湖的美洲红杉树下,波水拍打着树根,形成一种幽灵似的光。而当被游艇惊动的鱼群快速游向深水区时,湖面则犹如有一组浮动的灯群。如果你打上一桶水,把你的手放到里面,就能看到光点在你的手上滚动;当水流走或蒸发掉时,你手上千百万个闪光点随即消失;把桶内的水向船外倒去,当水触到湖面时,溅起的水花则如一群星星。

有时,这些微小的有机体所带的颜色很浓,甚至因此改变了海水的颜色,导致"红潮",一些海域的鱼类成百万地被杀死。这种红潮近几年在美国佛罗里达州海岸出现过几次。

另外,在海上,常常有"火球"从船员的桨边或游泳者的脚边滚走,这种巨大的光群是由特种水母形成的。有几种蜗牛和蛤在受到刺激时会发光,章鱼也是如此。生活在深水区的一种章鱼,肢体的各个部位都有复杂的发光器官。

在哥伦布的航海日志里,记载着西印度群岛的珊瑚礁附近出现过"移动的火炬"一事。毫无疑问,他观察到了那个海域的"火虫",这是在每年特定的时间内才出现的游动单细胞生物群。

生于东方海域的水蚤的特点在于它们死后仍然发光,躯体可晒干磨成粉面,当这些粉面与水融合时就会发光。第二次世界大战中,日本海军军官们使用这种粉面,在灯火管制下的夜间行动时,就在手掌里把粉面弄湿,借它发出的蓝光看地图。

只有极少数的脊椎动物能发光,它们都生活在深海。有些脊椎动物的躯体上拥有复杂的透镜和发光器,有些发光器则在鳍尖上。这些发光器在漆黑的海水里用处很大。多数动物能根据不同的需要控制"灯"的闪光,有时,这种光是危险的信号。安哥拉鱼在它们大张着的嘴前悬挂着指头状的"灯",它能使黑暗中的鱼被轻易地吞食掉。

第五大洋会出现吗

目前世界上已经有太平洋、大西洋、印度洋和北冰洋四大洋。根据种种迹象,加拿大学者威尔逊预言,若干万年后,世界上将诞生第五大洋,新的大洋将出现在非洲大陆内部,把完整的大陆分为东西两部分。

威尔逊认为,大洋的形成是中央海岭裂谷活动的结果,而东非大裂谷的红海、亚丁湾是全球大洋中的巨型裂谷——中央海岭中的一个分支,因而将来很有可能扩展成为大洋。如果这一大洋出现,尼罗河以东的埃及、埃塞俄比亚、肯尼亚和坦桑尼亚将成为新大洋东海岸国家,刚果、乍得和赞比亚等内陆国家将成为新大洋西海岸国家,这些国家的干燥气候,将得到彻底改观,撒哈拉沙漠将大大缩小或消逝。地中海北部将与新大洋相通,共同组成世界新五大洋。

不过,神秘的新五大洋是否真能出现,还值得怀疑。因为目前世界上已发现许多裂谷,如德国的莱茵裂谷、西伯利亚中部的贝加尔裂谷、美国中西部的里奥格兰德裂谷、横切日本的中央裂谷、纵贯菲律宾的菲律宾大裂谷等,其中不少与东非裂谷的规模不相上下,有些与大洋的中央海岭也有联系,它们有的以湖的形式出现,有的为断裂山谷,有的一部分为边缘海,难道它们都能发展成为世界大洋吗?显然是不可能的。新的东非裂谷能否真正成为未来世界第五大洋,还有待于科学家们的进一步研究。

海底喷发物与气候

1979年3月,美国海洋学家巴勒带领一批科学家对墨西哥西面北纬21°的太平洋中脊进行了一次水下考察。当科学家们乘坐的深水潜艇"阿尔文"号渐渐接近海底时,透过潜艇的舷窗,他们看到了浓雾弥漫下一根根高达六七米的粗大的烟囱般的石柱顶口喷发出来滚滚浓烟。"阿尔文"号向着一处"浓烟"靠近,并将温度探测器伸进"浓烟"中,不禁吓了一跳:原来这里的温度竟高达近千度。经过仔细观察,他们发现"浓烟"原来是一种金属热液"喷泉",当它遇到寒冷的海水时,便立刻凝结成铜、铁、锌等硫化物,并沉淀在"烟囱"的周围,堆成小丘。他们还注意到,在这些温度很高的喷口周围,竟形成了一种特殊的生存环境,就像是沙漠中的绿洲,生活着许多贝类、蠕虫类和其他动物群落。

巴勒等的这些发现,引起了科学界的极大兴趣。美国密执安大学的奥温认为,这种海底"喷泉"与地球气候的变化有着密切的联系。

奥温在研究深海钻探计划第92航段从东太平洋海底获取的沉积物和岩样以后,发现在2000~5000万年前的沉积物中,铁的含量为现在的5~10倍,钙的含量则为现在的3倍;另外在600~800万年前,铁含量也有一个小的峰值。奥温还从别人的研究中获悉,始新世时期沉积物的铁含量是目前的6倍,二氧化硅的含量更高,为现在的20倍。为什么沉积物中钙、铁、硅含量增高?奥温认为与海底喷泉活动的增强有关。

据此,奥温又进一步认为,当海底喷泉活动增强时,所喷出的钙将与海水中的硫酸氢钙发生反应,析出二氧化碳。已知现在的海底喷泉提供给大气的二氧化碳,占大气中二氧化碳自然来源的14%~22%。因此,当钙的析出量为现在的3倍时,大气中二氧化碳的含量必将大大增加,估计可相当于现在的1倍。众所周知,二氧化碳含量的增加,将会产生显著的温室效应,从而使全球的气温普遍升高,以至极地也出现了温暖的气候。

究竟海底喷发物对气候有哪些影响,人们期待着在对大西洋和印度洋的研究中能有更多的发现。

海洋微地震

微地震是一种能在地震仪中接收到的暴发性干扰,这种暴发性干扰是由大量周期约为 2~10 秒的微小的地壳震动波群所组成的,这种微地震的一个明显特点是它常常伴随附近海洋风暴的出现而暴发。它所包含的波动频率则恰好是与它伴随的风暴所激起的波浪频率的两倍,这就是所谓的"信频现象"。此外,人们还观察到,当风暴由大陆吹向海岸时,这种微地震常能持续很久。反之,当由海洋吹向大陆时,一旦风暴登陆,它就很快减弱以致消失。

那么,海洋微地震究竟是怎样产生的呢?人们对此曾做过许多猜测。有人认为这是海浪冲击海岸的结果,也有人想用波浪起伏时加在海底上的压力发生变化来解释,但这些说法都不能解释前面说的"信频现象"。

在对微地震进行研究过程中,地球物理学家斯柯特、海洋学家迈克和流体力学家朗吉锡金斯先后从复杂的计算中发现,两列相同频率沿几乎相反方向进行的波浪相撞的确能产生一种向水中各方向辐射的微弱声波。它不是通常的驻波,也不随深度而衰减,而且它的频率很接近波浪频率的 2 倍。计算还表明,由于风暴会在广阔的洋面上掀起波涛,其中含有许多相反方向的波动成分。由所有这些成分相互作用所产生的合成声波相当可观,足以激起微地震。

但是,大自然是十分复杂的。尽管这种被称为非线性相互作用的理论能解释许多重要的现象,目前它还不能解释为什么当风暴登陆后海上波涛依然存在而微地震却很快平息。对此曾有人提出海洋地震是风和浪的相互作用的结果。

对于海洋中微地震产生的原因,上述提法也仅仅是一种推测,人们对其产生的真实原因还了解不多,需要进一步研究,才能揭开这个海洋之谜。

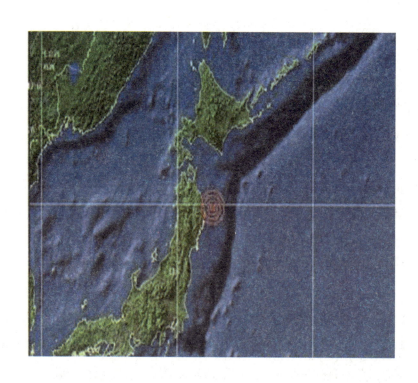

海上奇异水柱

1984年12月4日,"马尔模"号在地中海海域航行时,船长和船员们看到一个奇异的、好像白色积云的柱状体从海面垂直升起,但几秒钟后就消失了。几秒钟后,它又再次出现。于是船员们用望远镜观察,发现它是一个有着很规则的周期间隔的升入空中的水柱,每次喷射的时间约持续7秒钟左右,然后消失,大约2分20秒后又重新出现。用六分仪测得水柱高度为150.6米。

这股奇异的水柱是怎样形成的?科学界争论不休。有人认为它是"海龙卷"。威力巨大的龙卷风经过海面上空时,会从海洋中吸起一股水柱,形成所谓的"海龙卷"。但"海龙卷"应成漏斗状,这与船员们观察到的情况不同。而且从有关的气象资料来看,当时似乎无形成"海龙卷"的条件。于是,有人提出,水柱的产生是火山喷气作用的结果。理由是,地中海是一个有着众多的现代活火山的地区,但在水柱产生的海域却又没有发现火山活动的记录。而且,"马尔模"号的船员们在看到水柱时,也没听到任何爆炸的声音。再者,如果确定是水下火山喷发,周围的海域也不会如此平静。因此,有人推测,这是一次人为的水下爆炸所造成的。但水柱周期性间歇喷发的特征和当时没有爆炸声,也似乎排斥了这种可能。

因比,"马尔模"船员的发现,给人们留下了一个难解的谜。

大洋深处"雪景"

我们在日常生活中常会看到这么一种现象,当阳光从门缝或窗户射进房间时,便可以看见光束里飘动着闪闪发亮的灰尘,它们上下飞舞飘忽不定。

最先发现大洋深处这一现象的是美国一位海洋生物学家。有一次他乘坐深潜器对大洋深处进行考察,当探潜器徐徐下降时,他透过观察窗,看到探照灯所照亮的区域里,无数像陆上雪花一样的东西,纷纷扬扬下个不停。经过检验,哪里是雪啊,原来是浮游生物的絮状物。于是他把絮状物命名为"浮游生物雪"。

大洋深处的"雪景",引起了许多海洋学家的注意,不少人在进行深海考察时也见到过。他们在欣赏这奇妙的景色时,无不在想,深海"雪景"只是浮游生物的絮状物吗?除了浮游生物絮状物外,其他物质能不能形成"海雪"呢?通过对大量深海"雪花"的分析,发现形成"海雪"的物质,不仅仅是浮游生物的絮状物。海水中各种各样悬浮着的颗粒,如生物尸体被分解后的碎屑或是生物排泄的粪便,就真能构成那飞舞飘扬的尘埃奇景吗?显然是不可能。

科学家们从"海雪"奇景发生在探照灯光照亮的区域内这一事实中得到启示,原来"海雪"奇景是光作用的结果。深潜器上的探照灯光就像射进房间里的阳光,絮状物或生物尸体碎屑、生物粪便就像尘埃。当探照灯光射向漆黑的深海时,浮游生物絮状物、生物尸体碎屑、生活粪便等便反射出闪光的白光,同时由于光在水中的折射作用,在水中的悬浮物质看起来比实际的要大,猛一看就会真以为是雪花呢。

由于"海雪"是由浮游生物的絮状物、生物尸体碎屑及生物粪便等物质组成的,含有大量养分,因此是深海生物的理想食物。搞清"海雪"形成的原因以及它在大洋深处的变化,是很有意义的一件事。然而,由于海洋深处太黑暗了,深潜器的探照灯光照亮的区域实在有限,人们对于大洋深处的这一奇迹至今还没能搞得十分清楚,因此"海雪"的更多奥秘有待于人们进一步研究和探索。

什么是季风

在印度洋及其上空,风的季节性倒转产生了独一无二的气流交替模式,即季节风。季风是一个古老的气候学概念,通常指近地面冬、夏盛行风向接近相反且气候特征迥异的现象。其英文名称为 Monsoon,来源于阿拉伯文中的词汇 Mausim,意思是"季节"。中古时代阿拉伯商人利用风向的季节变化特点从事航海活动,当时人们对盛行此地的季风已有一定的感性认识。17世纪后期,随着欧洲商人在这一地区航海活动的增加,人们对季风的观察更为细致,从而加深了对季风的认识。

在许多方面,季节风类似于一种大型的沿岸风体系。气象学家认为季风的形成有多种原因。一方面是由太阳对海洋和陆地加热差异所形成的。另一方面气流从南半球跨越赤道进入北半球时,由于地球的自转效应,受到一个向右的惯性力作用。这个力称为地转偏向力,地转偏向力在北半球指向运动方向的右边,在南半球指向左边。

大气中的湿过程也是驱动季风的原因之一。空气中水汽的相变过程能够储存和重新分配热带和副热带大部分地区接受到的太阳能,并且有选择地释放这些能量,从而决定季风降雨的强度和地域。

20世纪初以来,有许多气象学家曾经尝试对全球季风区进行划分。取得共识的是全球最为明显的季风区位于东亚的海上、南亚、东非和西非。

北半球在夏季期间,亚非大陆温度升高,陆地上正上升的暖气吸收来自印度洋的气体,产生了向东部和北部流动的表面风和洋流。因此产生了顺时针的海洋环流,夹带湿气的风吹过温暖海面移向陆地。倾盆大雨,即人们所知的季节雨在亚洲和北非降落,为遭受干旱炎热的庄稼缓解燃眉之急。在西南季风期间,降雨并不连续,而是倾向于发生在短期强烈的阵雨中,降雨后紧接着是20~30天的干旱或者是季风中断。

冬季,北半球的陆地比海洋冷的更快,因此体系逆转。在相对温暖的海洋上空气上升,吸收来自于陆地的空气。在海面上风和洋流逆转流向南部和西部,产生了逆时针的环流。这时,湿气从南部通过赤道移到南非。这种风和水流动的逆转对东部非洲造成的影响是引人注目的。在夏季季风期间,急而窄的西部边界流(索马里流)沿着海岸向北流,该地区内海洋上升流为渔业带来了富含营养的水。然而,秋天和冬天的逆转来临时,索马里流转向并且变弱,海洋上升流停止。在季风期间,对风强度及雨强度的最大影响因素之一是厄尔尼诺现象。

亚洲除了南亚这个显著的季风区外,东亚地区也是一个比较显著的季风区。东亚季风按地理纬度又可分为热带季风、副热带季风和温带季风等。我国除新疆、柴达木盆地中部和西部、藏北高原西部、贺兰山和阴山以北的内蒙地区属大陆性无季风气候区外,其他地区均属季风区。

东亚季风区较为复杂,南海—西太平洋一带属热带季风区,冬季盛行东北季风,夏季盛行西南季风。而东亚大陆—日本—韩国一带属于副热带季风区,冬季北纬30度以北盛行西北季风,北纬30度以南盛行东北季风;夏季盛行东南或西南季风。这些地区夏季雨量充沛,冬季雨雪较少,干湿季不像热带季风那么明显。

一般来说,6月中旬东亚季风推进到江淮流域。此时,在湖北宜昌以东,北纬28~34度之间出现连阴雨天气,雨量很大。由于这一时期江南的梅子熟了,人们也称之为"梅雨"。此时空气湿度较大,东西极易发霉,也有人称之为"霉雨"。梅雨期间,在江淮流域通常维持一个准静止的锋面,称为梅雨锋。梅雨锋的东段可伸展到日本。国际上一般把中国整个东部地区夏季降水称为梅雨。

季风的强弱和厄尔尼诺有一定的相关关系。研究表明,我国长江中下游地区季风降水同厄尔尼诺的相关关系并不显著。但华北、东北和西南三个地区的夏季降水和当年的厄尔尼诺确有一定的相关关系。厄尔尼诺发生时,华北大部分偏旱,东北夏季则倾向多雨,西南地区少雨。

在诸多影响季风的因子中,大地形的作用十分突出。青藏高原在北半球夏季风的演变过程中起着十分重要的作用。科学家根据卫星资料,估计亚洲季风除了受海洋的影响外,还受到地—气相互作用的影响。在地—气相互作用中,除了欧亚积雪,北极冰层与中国气温和降水也有密切关系。

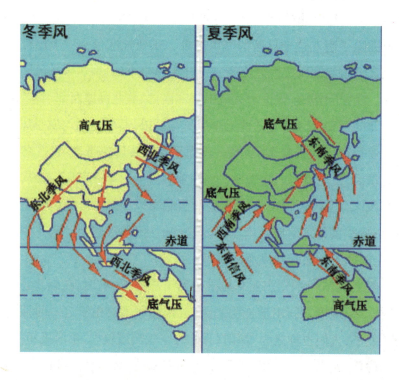

什么是飓风

在古希腊神圣的寺庙中,人们向海神尼普顿祈求平静的海和光滑的水面。海神用他的三齿鱼叉中的一股波浪,可以使海平静,也可抽打它使之成为狂怒的暴风雨。今天我们指望科学来解释海洋的狂怒举止,指望计算机模型以及天气预报能预测它。破坏力最强的风暴之一的飓风,曾经被认为是海神发怒的最有力的证据,正是气候和海洋之间相互作用的产物。过去的几十年,海洋学和气象学的发展,已经让我们能很好地了解到飓风是在何时何地怎样形成的。

当风速超过每小时 120 公里(74mph)时,风暴则形成了飓风、台风或者是旋风。飓风一词来自于 Hunraken,玛雅族的风神,被用于描绘发生在大西洋和东太平洋靠近加利福尼亚和墨西哥海岸的暴风雨。在澳大利亚北部及印度洋,海洋中相同的漩涡式的暴风雨被称作龙卷风,来自于希腊语 Kykloma,意思是"盘绕的蛇"。在太平洋西北部。它们被称作台风,来自于中国短语 daaih—fung,意思是"大风"。尽管他们有不同的名字且发生在不同的地方,但是这些暴风雨都是在同一源头——海洋产生的。

只有当适当的条件存在时,狂暴而强大的飓风才会产生。基本前提是温暖的水(至少 26~79℃)、地球的风场的干扰以及导致风螺旋式前进的动力(科氏力)。最温暖的大洋水出现在赤道的热带区。然而,因为赤道地区的科氏力可以忽略,所以此处不会形成飓风。但在亦道以南和以北的地区,条件是成熟的,尤其在炎热的夏天期间,因此飓风倾向于夏季在地球的这两个地带形成，一是在北纬4°~30°，另一个是在南纬4°~30°。风暴可能也会在边界形成，但通常其发源地是中间一条窄窄的区域。通常形成飓风的一种典型的风扰动是东部信风的大气波。

在大西洋的飓风季节内(6~9月)，每3~4天，信风中出现一次东向信风。当风从非洲吹到美洲时，海面附近的空气汇集成低压区，升高，在大气中形成了一个峰。东向波有时会毫无危害地移到北部，但是如果在峰下面有大量的温暖海域和温暖潮湿的空气，东向波可能会形成不断升高的狂暴。在下面的温暖海水至少有60米(200英尺)深；否则风造成的混合作用将把冷水带到表面，从不断增长的暴风雨中吸收热量和能量。

如果条件正好，海洋上温暖的空气将上升并携带下部潮气进入不断加强的风暴中。随着空气上升，来自底部的空气被不断吸入，表面风开始向东向波产生的低压区汇集。由于无处可去，汇集的空气上升，从热的海面上吸收更多的潮气。在更高的空中，上升的潮气及温暖的空气冷却浓缩，产生厚重的云和大量雷雨。云的形成释放了巨大的能量，导致上升空气的密度降低，上升得更高。在海面，更多的空气被吸收，进入一个不断增长的上升云柱，从而使海面上气压降得更低。在海面汇集上升的风，开始围绕中央低压旋转并且形成暴风雨的中心。

在风暴中心，风几乎是垂直的，因而它表面上看起来一片沉静。但是在其外围——风墙区域风旋转极快。在北半球，风围着低压逆时针旋转(风向向下并向右偏转)；在南半球，它们顺时针旋转。在温暖潮湿的海面上，旋风速度加快，导致更多的水蒸发。汇集的风携带大量湿气旋转越来越快，在不断增长的风暴中上升。再向上，更多的雷雨产生导致下层更多的空气被吸收。只要下面的温暖海水能不断提供水蒸气，风暴就能达到飓风的强度并且继续增长。如果上层大气中存在剪切风，就能破坏正在积累的风暴；或者正在逼近的前锋可以引导较凉的海面上的风暴。但是，如果条件适当，且没有以上两种情况,飓风就可以形成,加强,"张牙舞爪"地向陆地移动。

1998年,米奇飓风袭击了中美洲,尤其是洪都拉斯和尼加拉瓜。一万多人丧生,损失约数十亿美元。由于暴风雨减速,滞留,在这个地区上空盘旋了数个小时,倾泻了巨量的降雨,使这次暴风雨的影响大大加重。在强暴雨作用下,山洪暴发,农业崩溃,急速的泥河埋葬了数以千计的房屋和人民。

安德—鲁飓风,在1992年8月袭击了南佛罗里达,也导致了数十亿美元的损失以及数千无家可归的人。但幸运的是,由于及时警报和疏散,仅43人死亡。在强烈的暴风下,损失并不是来自雨水——仅17.8厘米降雨(7寸)——而是猛烈的旋风和下沉气流。幸运的是,安德——鲁飓风移动得非常快,可达每小时32公里(20mph);不幸的是,它聚集的风速在200公里/小时(124mph)以上,并且产生了2~5米高的风暴潮(7~16英尺)。

飓风和其他袭击海岸的风暴能产生危险的风暴潮。当海平面上升,海水向海岸奔涌且向陆地扩张时,风暴潮就会产生。风暴潮发生时,会导致洪水、巨浪、险流以及大面积的冲蚀。风暴潮由几种海洋和大气条件引起。当风暴向海岸移动时,它的低气压区与风暴周围的正常气压区形成压力差,将海水冲入低压区,形成水柱。汇集风将海水不断带入水柱,大量聚集的海水从水柱流出冲向海岸。强风也能产生撞击海岸的大浪使海平面抬升得更高。这种由压力引起的海面上升和强风结合而成的风暴潮造成的后果是灾难性的。当风暴过去,风螺旋似的离开海岸,水退回到海中,此时风暴潮更危险。急速危险的水流冲蚀着陆地,携带海水到达陆地,在海底向海岸逐渐倾斜的区域,海底摩擦能增强风暴潮。1815年,在一次6米风暴潮顶部浪高达3米的飓风袭击了长岛。近4米高的水沿着海岸向北冲击,直冲入罗德岛州的大街小巷。正在欣赏音乐会的人们爬到了戏院的包厢上才幸免于汹涌的洪水。此次飓风导致近700人死亡,数百个家园破毁。

现在科学家们利用计算机模型、海洋学仪器以及海底和海岸地图能预测风暴潮。对于位于海平面上或低于海平面的城市,例如新奥尔良,风暴潮预测灾害预防很重要。一种模型表明,如果3号飓风,正好袭击英国东北部,在纽约附近的某些区域,它则能产生8米(26英尺)的风暴潮,接近肯尼迪机场,水面可高达7米(23英尺),海港达6米(20英尺)。

今天我们有精密的卫星遥感技术、飞行侦察机以及计算机模型来帮助预测飓风的形成和路径。卫星图片也被用于确认和定位正在形成的风暴。为了得到更精确的风暴强度的图像,美国空军预备队和国家海洋大气部派飞机直接飞入不断增高的海浪中。为了测量变量,诸如风、气压以及风暴内的湿度,飓风探测机配备了特殊装备。随后,风暴数据被输入计算机模型,此模型也考虑了以前的飓风路径、海面温度、上部的主导风等。计算机模拟被用于预测飓风可能的路径。因为有几种不同的飓风模型,有时它们并不一致,因此,在做官方预报以前,科学家们会运行所有的模型,看看大部分得到的结果是什么。对于大部分飓风,计算机模型已经相当精确;然而,自然界仍能不时地出乎我们的意料。某些已经被了解的飓风,会出人意料地撤退、转弯、环行或向前急冲。为了能更好地预测飓风的路径和强度改变,我们要了解的还有许多。最近,包括精密测量及对飓风内云和雨进行三维绘图的高超技术无疑将为我们了解飓风的行为提供新的信息。

一般每年只有大约10%的东向波能发展形成足够规模的飓风。有些人忧虑,全球变暖也许会提高每年形成的飓风的数量和强度。不可避免地,飓风将发展、加强、威胁性地向海滨移动。一次又一次,地球将在海洋和天空中释放它的强有力的本性。作为地球的居民,我们在他的仁慈之下生活着,但是通过对飓风形成、移动和袭击的方式有明确的了解,我们就能理智的做准备,警告处于危险的人们,尽力把生命、土地和财产的损失降到最小。

什么是龙卷风

1949年夏季的一天,新西兰海岸一带乌云密布,上下翻滚,突然,一阵剧烈的暴风夹着倾盆大雨铺天盖地而来,整个大地好像都在昏暗中摇晃,人们吓得关门闭户,躲在家里。等云散雨停之后,才赶紧出来收拾被摔碎的船只和被刮倒的树木。令人惊异的是,他们意外地发现地上竟有许多鲜鱼,有的已经死了,有的还活蹦乱跳。他们疑惑地议论着,这些鱼是从哪儿来的?难道是从天上掉下来的?

后来,经过人们研究证实,这些鱼就是那阵风雨带来的。那种风就叫龙卷风。龙卷风有巨大的吸力,在陆地的龙卷风,可引起飞沙走石,能把一棵棵大树拔起,将一座座房屋摧毁,能把粮食、蔬菜、羊群旋到半空,运到几十里地之外,然后像下雨一样从空中落下来,撒得遍地都是。海上的龙卷风又叫"龙吸云"。它是一团急速旋转的空气团,具有强大的吸力,能把大量的海水连同里面的鱼虾旋吸在半空中,带到另一个地方,然后以雨的形式落在地面上,这就是我们前面所说的"鱼雨"的来由。

龙卷风是一种小型旋转风,直径一般不超过1公里,小的龙卷风直径仅25~100米,与直径1000公里的台风相比,看来无足轻重,可是它的风力却比台风大得多。台风的最大风速很少超过100米秒,而龙卷风的最大风速可以达到120~200米秒。依据龙卷风发生在陆地还是海上,可分为陆龙卷和海龙卷;海龙卷的直径一般比陆龙卷略小,其强度较大,维持时间较长,在海上往往是集群出现。1971后7月底,一张卫星云图上就显示出有7个海龙卷同时出现,真可谓是名副其实的"风霸王"了。

孟加拉湾的台风

如果问世界上哪一个地方最易受台风袭击,谁是最倒霉的"受气包"?那一定是孟加拉湾。

1970年11月12日,位于孟加拉国南部的吉大港,遭遇了一次强热带风暴袭击,30万人丧失了生命,这一人类大惨剧震惊了全世界。然而,这样的惨剧对孟加拉湾来说,还不是唯一的一次。在当地的记录中,一次死亡人数超过10万人以上的大台风,在孟加拉湾至少已经发生过4次。

什么是台风?台风为什么总喜欢光临孟加拉湾?

台风是热带海洋上猛烈的大风暴,它实际上是范围很大的一团旋转空气。它边转边走,由于它中心的气压很低,四周的空气绕着它的中心呈逆时针方向急速旋转。低层空气边转边向低压中心流动,空气流动的速度越快,风速就越大。在台风中心平均直径约为40千米的圆面内,通常称为"台风眼"。台风是一种灾害性天气,每当台风来,总是狂风大作,暴雨成灾。因而,台风成为天气预报里重要的内容之一。

从地图中,我们可以看到孟加拉湾位于印度洋的北部,形状就是一个典型的三角形,宽敞的湾口正对着南面的印度洋,三角形的顶角就是孟加拉湾北部的孟加拉国。

夏天,太阳直射北半球,在北纬10°附近形成地理上的热赤道。这一时期的东南信风因海面升温而大大加强,进而越过赤道进入北半球。在地球偏向力的帮助和影响下,原来的东南信风因此改变风向,摇身一变成为西南风,这就是南亚地区的西南季风。

在印度洋,夏季西南季风毫无阻挡地直接冲入孟加拉湾,狂风掀起巨浪向西北冲击而去,在西侧的印度半岛及东侧中南半岛的约束下,越往北越接近三角形

顶点,风浪也就越发加大。如果在大台风的同时,正好碰上天文高潮,就更加是雪上加霜了。此时,狂风恶浪在怒潮的助威下,直涌上陆地。在孟加拉国的吉大港地区,这里的涌浪可高达6米。

地处三角形海湾顶端的孟加拉国南部,又是世界著名大河——恒河和布拉马普特拉河冲积成的海滨平原,地势极其低平,这给巨大的海潮和风浪创造了席卷大片陆地的地形条件,使得风浪长驱直入,毫无阻挡。

不光是这些,还有更厉害的呢!在夏季汛期,恒河和布拉马普特拉河的洪水流量最高竟达15万立方米/秒。当遇到孟加拉湾狂浪怒潮时,河水不但流不进大海里,相反被浪潮阻挡住反而转头向两岸涌云,河水因此泛滥成灾。严重时,一个晚上就可使13000平方千米的地区平地水深达1米。风助水势,水助风势,水风共同兴风作浪,海潮便排山倒海似的向孟加拉湾及其沿海地区袭击过来。

就这样,受大台风、大海潮、大洪水和三角形海湾、沿海低平地势等多方面因素的影响,孟加拉湾成了最倒霉的台风重灾区。

钱塘潮成因

钱塘江是浙江省第一大河。它入海的杭州湾,是典型的喇叭形海湾,是生成风暴潮的多发区。每当大潮时,特别是朔望大潮期间,如恰逢台风从东南方向侵入,江水东流与海潮西进相顶托,风起潮涌,常以排山倒海之势向湾顶冲击。据统计,在清代 267 年期间,钱塘江口发生风暴潮灾共 131 次,平均两年发生一次灾害。1953 年秋季,一次风暴潮曾冲上 8 米多高的石塘,将盐官镇塘堤旁的一座重 1500 多公斤的"镇海铁牛"冲出 10 多米远。当时群众为防御潮灾的侵袭,从 2000 多年前的秦代开始,在钱塘江两岸修筑了一条长达 400 多公里的石堤,大大减缓了潮灾的危害。这条石堤被誉为"防潮长城",长期屹立在钱塘江边。

由于钱塘江口的独特地势,平时形成的潮汐也与众不同。在朔望大潮期间,即使风平浪静的日子里,潮势也以迅猛高大著称,古代文人墨客对此曾大加赞誉。唐宋大诗人刘禹锡、苏东坡等均对钱塘大潮的雄伟壮观描绘地得有声有色:"八月涛声吼地来,头高数丈触山回,须臾却入海门去,卷起沙堆似雪堆。"以及"八月十八潮,壮观天下无"等诗句,完美地描述了钱塘大潮的雄威。

钱塘大潮的雄伟壮观,是由潮水喇叭口状的河口形成的。钱塘江口处于杭州湾顶,湾顶的宽度从湾口的 100 多公里紧缩至 2~3 公里,如同一个放倒的大口瓶子。涨潮时,潮水自东向西,河口急剧缩狭,河床迅速抬高,水深变浅,平均水深仅二三米,有利于涌潮的发生,当较大潮波进入河口后,经狭槽一束,溯江而上,水体进入窄道,能量高度集中,再加上河床突然上升,滩高水浅,大量潮水涌进时,前面的潮浪受阻减速,后面的潮浪紧迫上来,后浪赶前浪,一层叠一层,潮水进到瓶口处的盐官,竖起一道直立的白水墙,远远望去犹如一排银链,从浩渺的江口向内拥滚,潮头起,浪花飞溅,响声如雷,汹涌澎湃,形成了奇伟无比的钱塘怒潮。

钱塘怒潮的神奇景象,除地理因素外,潮汐本身的变化也助了涌潮的发展。从天文因素看,每年的春分和秋分,也就是农历三月和八月,是形成潮汐的引潮力最大的时期,因此,春秋分朔望日前后,容易形成特大潮。但春季钱塘江口西北季风劲吹,正与潮头流向相反,抵消了部分潮势,所以春潮并不特别壮观。在秋分以后,情况就不同了。那时,江水柱流增大,东流入海,正与乘东风而来的潮水相顶托。两者势力均较春潮为大,这两支水流犹如"两军对阵"之势,在狭窄的湾口对峙起来,潮水上涌,江水下泻,与汹涌的浪流相交,爆发出震撼山河的轰隆声,响彻钱塘江两岸,形成"天下无"的奇观。

厄尔尼诺现象

厄尔尼诺现象也许是海气相互作用的最好最戏剧化的描绘,它对地球上的日常生活有巨大的影响。在1982年、1983年和随后的1997年和1998年,强烈的厄尔尼诺现象袭击了全球,带来了巨大的损失。极端的炎热和干旱给印尼共和国、亚洲、澳大利亚和非洲的部分地区带来了灾难。森林火灾在一些地区失去控制,诸如佛罗里达、南澳大利亚。夏威夷和塔希提这两个太平洋上的岛屿被巨大的台风破坏,飓风摧毁了墨西哥的太平洋海岸。海洋的高温导致珊瑚礁变白,海洋上升流停止,使鱼处于饥饿之中或者迁出它们惯常的栖息地。同样,海鸟和海狮遭受着饥饿。温暖的天气、降雨、植物的繁荣增长也使高等昆虫和啮齿种群大量繁殖起来。昆虫和水体携带传染病的几率升高,如伤寒病、霍乱、痢疾、疟疾和黄热病等。如此广泛的灾难性的影响使人们对厄尔尼诺现象产生了很大的兴趣,对未来事件的关注也越来越多。在1997~1998年中,厄尔尼诺受到了许多媒体的注意,以至于它变成了一个家喻户晓的名词,成为许多夜话的主题以及许多与水相关的灾难的替罪羊。尽管科学家和渔民很早就认识了厄尔尼诺现象,但1997~1998年却是研究者们第一次能精确地预测它的产生,并且有效地预报了它的潜在后果。

多年以来,秘鲁的沿岸渔民们已经注意到海水的周期性变暖以及丰富渔场的衰退。因为这种现象发生在圣诞节期间,所以人们称之为厄尔尼诺,意为基督的孩子。

厄尔尼诺期间,在赤道太平洋地区有两种变化发生,一是在大气中,一是在海洋中。然而,正如"鸡和蛋"的谜题一样,对哪一个先发生我们还难以说清。

19世纪20年代,英国科学家吉尔伯特·沃尔克试图找到预测亚洲季风的方法,尤其是为何一些夏季季风很弱。当他研究整理全世界的天气预报信息时,发现太平洋东西部之间的气压压力存在一种显著的关系。当东部压力升高时,在西部则降低,反之亦然。沃尔克称太平洋的这种气压波动为南方涛动。后来,在19世纪60年代,加利福尼亚大学教授雅各布·伯尼斯发现,与厄尔尼诺有关的不寻常的温暖的海面温度、弱的信风以及大的降雨均与沃尔克的南方涛动有关。因此,这种海气现象常被称作厄尔尼诺南方涛动,或者是ENSO。

正常的年份里,东太平洋、美洲中南部的西海岸气压高而海平面低。在太平洋另一边,接近印度尼西亚和澳大利亚北部的区域气压低,海平面高。沿着赤道,气压差促使信风从东部移到西部。赤道上升流从下部带来富含营养的冷水,以及来自南极大陆沿着南美西海岸流动的海流使东太平洋浸浴在冰冷的海水中。尽管加拉帕戈斯群岛位于赤道附近,但其周围的水对于海狮、海豹甚至对与珊瑚礁和热带鱼共存的企鹅而言是足够冷的——这种共存实际是一种非常奇特的海洋生物的混合体。正常情况下,靠近秘鲁的沿岸上升流支持着世界上最大的一个沙丁鱼渔场,而附近陆地气候往往是干燥凉爽的。在西太平洋,印度尼西亚和澳大利亚附近,热带的阳光和热量使沿着赤道的海流变暖,使这一地区沐浴在温暖的海水中。环绕的温水池导致该地区的热空气携带湿气上升,在西太平洋岛上形成云雨和降水,使该地区土地肥沃,植物生长旺盛。

当气压降低,信风减弱,温水穿过赤道太平洋向东流时,就会发生厄尔尼诺现象。气压在西部高而在东部低,暖流通过赤道海域向东扩散。西太平洋西部海面下降而东部升高。加拉帕戈斯群岛,秘鲁沿岸及南加利福尼亚这些地区因沐浴在暖水中会比平时更加温暖。在1982~1983年的厄尔尼诺事件中,海洋的变暖致使加拉帕哥斯群岛95%~98%的珊瑚死亡。近岸和赤道上升流停止,渔业不景气,海洋生物遭难。在1998年,秘鲁和加利福尼亚附近的数千头海狮,尤其是小海豹,因为缺少鱼食而死。温暖的海水温度以及不断增长的疾病也是导致1997年大量鲸、海豚和在海岸上沐浴的海牛等的死亡或奄奄一息的作用因素之一。

厄尔尼诺期间,携带大量潮气的温暖空气并不是在西太平洋上升,而是在太平洋中部和东部。大雨、泥石流以及山崩使南北美洲的西海岸受灾。同时,在印尼和西太平洋的其他地区少雨、干旱、森林火灾盛行。厄尔尼诺也减弱了在南亚上空的西南季风并且影响了主要暴风雨的频率、强度和路径。典型的情况是,在厄尔尼诺期间大西洋很少有飓风发生,而在太平洋有更多更强的暴风雨形成。厄尔尼诺通过改变射流的路径,也能改变热带地区外的天气状况。

厄尔尼诺期间,东太平洋变暖进一步减弱信风并且降低上部大气的压力。事实上,一些人认为,整个太平洋大洋温度的变化引起大气压降低,从而产生ENSO(通过大气压)。由于大气对海洋变化的反应比海洋对大气变化的反应迅速得多,科学家们认为海洋上长期的波动正是导致厄尔尼诺开始或结束的原因。但是对其产生的介质和机制还不清楚。有人推测长而慢的波或许会围着太平洋盆地的边缘反时针运动,每4~7年到达赤道太平洋西部,开始产生ENSO。

在1997年,科学家们大约可提前6个月预测ENSO的开始。他们与紧急事件管理社团及其他的人一起工作,开始通知并且警告人们关于厄尔尼诺的潜在影响。基于海平面温度记录及降雨、气压、捕鱼、树环、海底沉积及珊瑚核的资料,现在研究者们认为厄尔尼诺发生由来已久,至少数百年的历史了。但是如果厄尔尼诺已经发生了如此长的时间,为什么科学家直到1997年才能首次准确预测到呢?

1982~1983年事件之后,国际科学界开始集中力量研究厄尔尼诺及预测下一次的到来。为做到这一点,一个由观察站和浮标组成的巨大的体系在整个热带太平洋地区建立起来。结合来自于航船和卫星对海洋和大气的观测,太平洋观测系统提供了前所未有的海洋和大气的信息。通过适时的工具及随之而来的线索,科学家们在1997年初即意识到即将来临的厄尔尼诺的某种迹象。用尖端的计算机模型,科学家们能模拟与即将来临的厄尔尼诺相应的海洋和大气的变化,描绘其发展并预测结果。他们也能检测和观察厄尔尼诺的逆转以及拉尼娜的进攻。

比起厄尔尼诺来,人们对拉尼娜的了解更少,但她却恰恰是灾难性

的,拉尼娜本质上是厄尔尼诺的对立面,特点为整个赤道洋都充满通常少有的冷水。1997~1998年的厄尔尼诺之后,太平洋海面温度开始降低并且持续降到1999年1月。从那时起,拉尼娜的作用开始影响全球气候。北美上空的射流随着太平洋上空的气压及气流的改变而改变。严酷的冬天袭击了美国北部,布法罗和纽约被掩埋在厚达1.5米(5英尺)的大雪山下。同一天,芝加哥的降雪达到了史无前例的0.5米(1.6英尺)厚。大降温也袭击了印第安纳州和缅因州,温度分别达到-36℃和-55℃。随着拉尼娜条件的波动,在南部少有的暖气与北部异常的冷气相遇,促使形成严重的温暖天气的时机成熟。1999年1月17日,一场32级飓风席卷了田纳西州、阿肯色州以及密西西比州,不久,另一场52级飓风袭击了南部。预报员称拉尼娜将在6月变弱,但是与此同时,在西北部反常的冷湿天气将持续,而温暖干燥的天气将在美国的中部和南部盛行。

最近科学调查揭示,与厄尔尼诺相似的气候变化也发生在北大西洋。北大西洋海面温度记录显示周期性的变暖和变冷,此周期大约为10年。在温暖和凉爽的海面上风强度的变化也以10年为周期。现在人们将这些变化与该地区大气压的变化以及美国东北部和欧洲北部的气候变化联系起来。在正常时期,高压区位于亚速尔群岛,而低压区位于冰岛上空。在两压力中心,风从北美吹向欧洲,而由于冰岛的北部低,向着亚速尔南部较高的区域,风从相反的方向吹,到达东部。压力中心的强度和位置周期性的改变,使海风、海面温度和气候发生改变。正常情况下,强风在大洋上空受热并且携带着暖气到达北部。当气压系统波动时,冰岛的低压移动到靠近纽芬兰的南部而高压位于格陵兰北部上空。然后,冷而干燥的南极空气吹到北欧,带来更凉爽的夏天和更寒冷的冬天。在美国的东北部,复活节前后有较为温和的天气。今天,科学家们能更精密地研究北大西洋的10年循环现象,并称它为北大西洋波动,或者是 NAO。新的调查表明 NAO 与北极上空的气候波动有关。

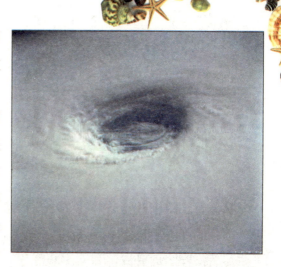

尽管现在我们能利用太平洋观测体系、卫星遥感、计算机模拟来预测厄尔尼诺的开始，但 ENSO 和 NAO 的潜在原因还仍然是一个谜。厄尔尼诺现象似乎每 2~7 年发生一次，有时更早，有时更晚，没有任何两个厄尔尼诺现象是相同的，一些年比另一些年更严重。现代调查表明，除了长时期的改变(例如：冰期和间冰期的改变)，地球的气候通常遭遇到更短、更小范围的改变。但我们仍然不能完全地了解这些变化是怎样发生、为什么、什么时候发生或是它们将有什么影响。

由于厄尔尼诺和飓风现象导致了人们对海洋观测的普遍关注，人们期望很快能建立起全球海洋观测系统并投入使用。这个体系应该建立一个广泛的世界性的监测站和浮标系列，结合卫星遥感、计算机模型和其他技术，持续观察海洋并且提供日常的信息，就像今天我们所看到的天气状况。观察应在开放海、海洋内部、海底以及沿岸地区进行。全球海洋观测体系将为大量的科学研究提供信息，包括更准确的气候和天气模式的预报，提高海底操作的安全和效率，对于海洋和海底生态体系输入的更好的了解，以及大量有助于研究赤潮和与海洋相联系的灾变的蔓延的数据。同时，全球海洋观测体系也将提高我们对其他两个引人注目的现象——全球变暖和海平面变化的了解。

海平面与假说

在日常生活中，人们习惯以海平面为准来测量陆地物体的高度，也就是海拔高度。于是，人们通常以为，海洋的表面是一个很平的平面。

尽管海洋表面有波浪和潮汐涨落，但一般说来高低相差不大，至于海底地震和火山爆发引起的海啸，这种巨浪不久也会消逝。再说，世界各大洋都是相通的，水往低处流，应该不存在海平面的高和低。但大量的勘测资料表明，海平面实际上并不平。

海面有"水山"。澳大利亚东北部的海面要高出平均海平面78米，北大西洋凸出区域，海面高出平均海平面61米，马达加斯加岛南面，海面高出平均海平面56米，非洲西部加纳附近海面高出平均海平面31米，秘鲁附近海面高出平均海平面30米。

海面除了隆起的"水山"外，还有凹陷区域。印度洋马尔代夫群岛附近，海面低于平均海平面113米，在加勒比海，海面低于平均海平面68米，美国加利福尼亚以西的太平洋，海面低于平均海平面56米，在著名的百慕大三角区，海面低于平均海平面64米，新西兰东南部，海面低于平均海平面73米。此外，在巴西沿海和非洲佛得角群岛附近海面，也有隆起或凹陷15米左右的几个区域。

为什么辽阔的海面会出现这种巨大的隆起和凹陷呢？目前，还没有找到一种完美的解释。有的只是一些假说。

有一种假说用地球的引力来解释。海底的地壳由各种不同密度的

岩石所组成,这些岩石的引力各不相同。密度较高的岩石,引力较大,于是就使海水变成凹形的,而那些密度较低的岩石,引力较小,则使海水变成凸形的。

另一种假说,认为海面凹凸同高低不平的海底地形有关。理由是,经查阅海底地形图,如巴西沿海海面隆起,这一海域水下有一座高出海底3500米的海底山脉。不过,波多黎各海下凹陷区的海面下是一条著名的深海沟。可见世界上各个海面隆起和凹陷,也不全是同海底地形相对应的。

还有一种假说认为,海面的隆起和凹陷是由于地幔物质发生对流作用,使海面发生了这种奇特的变化。海面隆起对应着低密度(热异常)的地幔物质,海面凹陷对应着高密度(比较冷)的地幔物质。

当然,海面也不是固定不变的。近半个世纪以来,世界海洋的水位上升了近10厘米,平均每年增长1.5毫米,也就是说,海洋里的水比过去增加了500多万立方千米。

21世纪末,海面将上升1~1.5米,并预测沿东海岸线的一些地方的海平面可能要升高4米左右。那么这些上升的水是从哪里来的呢?一方面,陆地上的一些江河湖泊里的水,在源源不断地流入大海。另一方面,海洋里上升的水来自冰川,大陆上的冰川蕴藏着大量的水,冰川融化流进大海,导致海面上升。

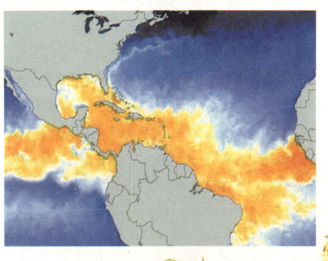

海水的颜色

到过海边的人一定知道,海洋中的海水是蓝色的。可是,当你掬水到手中时,却发现海水也同普通水一样,是无色透明的。

为什么我们看起来海水呈蓝色的呢?

原来,这是海水对光线的吸收、反射及散射造成的。大家知道,阳光是由红、橙、黄、绿、青、蓝、紫7种颜色的光组成的。不同性质的物体对太阳光中各种颜色的光的吸收和反射是不同的。当其他颜色的光被吸收,而红光被反射出来的时候,这个物体看起来就是红色的。海水很容易吸收波长较长的光,如红光、橙光、黄光,而发射、散射出蓝、紫光。由于人们的眼睛对紫色光很不敏感,往往视而不见,而对蓝色的光比较敏感,所以我们看到的海水就是蓝色的了。

然而,海水并不都呈蓝色的。在浅海里,海水不能完全吸收红光、橙光和黄光,有一部分被反射和散射出来,它们混合后就成为黄色或绿色了。有些浅海里栖息着大量的鱼类和浮游生物,海底生长着各种海藻,这些生物本身的颜色会映到海面,绿色的海藻就把海装扮成了绿色。

有些地方的海水由于种种原因,也会呈现出不同的颜色。世界上有些海就是以海水颜色命名的,如红海、黄海、黑海和白海等。

红海位于印度洋西北部,亚非两大洲之间,呈长条形,总长约2100千米,面积为45万平方千米,与我国黑龙江省的面积相当;这里由于气候炎热干燥,海水蒸发强烈,使红海成为世界上盐度最高、水温最高的海。高水温和浓盐度,正适合蓝绿藻类大量生长和繁殖。蓝绿藻类的颜色并非蓝绿色,而是红色的,因此海水也被映成了红色。

除红海外,太平洋东北部的加利福尼亚湾南部,也有大量血红色的海藻栖居,而其北部又有来自科罗拉多河的大量红土,因此海水也呈红色,被称为红海。

黄海,是我国三大边缘海之一。它北起鸭绿江口,南至长江口北岸,面积约40万平方千米,比甘肃省的面积稍大一些。由于黄河带来的大量泥沙,使海水呈现出一片黄色,所以被称为黄海。

有黑色的海吗?有,它就是黑海。黑海,位于欧洲东南部与亚洲的土耳其之间,是一个内陆海,即其四周除通海口外全为陆地所包围,面积42万平方千米。黑海由于是内陆海,海水流动缓慢,深层缺乏氧气,致使上层海水中生物分泌的秽物和死亡的尸体沉到海底深处,腐烂发臭;大量的污泥浊水,使海水呈现出黑色。再加上这里的天气经常乌云密布,把海水映衬得格外黑。乘船在黑海里航行,见到的都是黝黑的崖岸。

还有白色的海呢!白海,是俄罗斯西北部濒临北冰洋的一个边缘海,它呈海湾状深入内陆,面积约9万平方公里,只有半个河北省那么大。白海由于地处高纬度,北极圈从它的中部通过,所以一年中至少有半年的时间为冰雪所覆盖,即使是夏天也有大量浮冰散雪,所以呈现出一片白色的冰雪世界。

地球为何变暖

贯穿地球 45 亿年的历史,大气、海洋与陆地间的相互作用已经导致了气候在温暖和寒冷间的周期性变化。在地球的气候变化中,海洋总是起着主导作用,尽管在某种程度上还是模糊的。今天,围绕地球温度改变的关注和政治议题中心——更确切地说,其温度以一种反常的速率增加,即人们熟知的全球变暖。引起警示的并非全球变暖本身,而是其惊人的变化速度。当气候经历成千上万年的改变时,地球上的生物有足够时间适应、迁徙或者随其周围环境的改变而改变它们的生活方式。而当气候改变非常迅速时,地球许多生物将毁灭。我们是地球的生物,地球反常的快速变热也威胁着我们的健康、生活质量甚至我们的生存。巨大的热量、海平面上升、洪水、疾病、干旱以及频繁的风暴活动,所有的这些已被证明是全球变暖的结果。尽管关于全球变暖的成因、速率和影响有很大的争议,但被广泛接受的是,地球正在变热,而我们对此负有责任。

1997 年,全球平均海面温度是 20 世纪乃至过去 1000 年中最暖的;在 1998 年期间,全球平均表面温度每月均达最高温度。由国际政府气候变化专门小组(IPCC)就气候变化做出的 1995 年温度变化报告表明:20 世纪的表面温度与自公元 1400 年后任何一个世纪的最高温度一样高,甚至更高,全球平均表面温度大约上升了 0.3~0.6℃。结果导致海面升高 10~25 厘米(4~10 英寸),冰山开始融化。很明显,尽管许多因素导致全球变暖，但由于矿物燃料的燃烧和森林毁坏引起的二氧化碳浓度升高正迅速地导致地球温度升高。

二氧化碳、水蒸气以及其他温室气体(甲烷、一氧化二氮、氯氟烃、臭氧)吸收长波或红外线,向地球辐射。对这些辐射的吸收导致大气受热和气候变暖。空气气泡的组成成分将冰核自南极分离出来,在夏威夷的冒纳罗亚观测站对大气的测试表明,自1850年来,空气中二氧化碳的数量增加了25%~30%。此问题变成,随着二氧化碳含量的升高,地球是怎样变暖的,其速率是多少？IPCC报告表明:到2100年地球的平均表面温度将升高1℃~3.5℃,海面将上升15~95厘米(6~38英寸)。这些数据从何而来？为什么在预测的温度和海平面升高时有这样大的不确定度？

为了估算全球温度已经升高的速率，我们检测了过去的温度改变记录。文献中的空气和海洋温度被用于估计深海岩心中有孔虫的同位素成分、来自于冰期的冰雪和珊瑚结构。为了预测未来气候如何,科学家们必须依赖于复杂的计算机模型，这些模型用数学公式反应物理过程的大气、海洋以及陆地的相互作用。起始点通常基于当前的测量或过去温度的估计。然后用球状的辅助线分布全球,对辅助线交叉点进行数千次的计算,以此来评价整个时间内大气、海洋和陆地将怎样改变。因为它们的范围广阔复杂,必须利用大型计算机模型。其结果是大的不确定性来自于用不同的模型代表气候的各种要素，甚至对气候的某些方面并未完全了解——海洋就是其中之一。事实上,因为我们并没有全面了解海洋如何影响气候,因此用来模拟气候变化的计算机模型就如同计算机中的通配符一样。

海洋对全球变暖的作用主要源于它吸收二氧化碳和储存传输热的巨大能力。在海洋中,通过海洋植物和藻类的光合作用,主要是浮游植物,从大气中转移出大量的二氧化碳。因此,在海洋中浮游植物生长(生产力)越快,二氧化碳转移得越多。但是什么控制着海洋浮游植物的生长呢?最近的实验结果表明,在含有大量其他营养盐的海域,铁也许是最重要的也是直到最近才被认识到的控制浮游植物生产的因素之一。科学家约翰·马丁,起初提出后来又证明了在南大洋铁对浮游植物生长的影响,即人们所知的一种诙谐的说法:"给我半坦克的铁,我将给你一个冰期。"与马丁的想法一致,一些人已经建议了

一种激进的、颇有争议且并不确定的方式来抵消全球变暖——用铁播种海洋,从而诱导浮游植物的大量繁殖。浮游植物的增长可能会耗尽大量大气中的二氧化碳,或许不会,也或许会对整个海洋生态系统带来危害。

　　海洋中,石灰石、碳酸钙骨架或贝壳的形成也能减少二氧化碳气体。然而当石灰石沉积在陆地上暴露、风干,或者在冲蚀作用区再循环,二氧化碳将被释放回大气。现在还不了解的是,有多少二氧化碳保留在海洋中以及它被吸收和循环的速率是多少。在海面下新的调查发现,对飞涨的地球温度的一种新的潜在威胁,气体水合物。气体水合物是一种固态的结晶状的水,就像冰一样,不同的是它们包含气体,典型的是甲

烷,在海洋沉积物中经常发现这类气体水合物。在卡罗莱纳州的东部和南部海滨以及墨西哥湾海底,发现了大量的水合物聚合体。升高的大洋温度能导致气体水合物分解,释放出大量的甲烷气进入大气,在此过程中会导致海底滑坡。因此,如果水合物分解释放,不仅会对海上钻井作业带来危害,也会显著地导致全球变暖。

海洋也是大的热储备箱和传输器。来自于海洋的热使气体变暖并且引发了热带风暴。热通过洋流由赤道向极地传输,前面所提到的海洋环流,由风和大洋的盐热平衡控制。科学家们认为气候变暖可能会使环流减慢,而变冷可能会加速环流,但是,这些反应并没有完全了解。海洋蒸发也为高纬度地区冰雪的形成提供了条件。冰雪的覆盖改变着地球表面的反射,对于该地区是吸收还是反射辐射有着重要影响。此外,主要来自大海的大气中的云和水汽显著地影响着气候。令人惊奇的是,在气候变化方程中,对云的了解甚少,其模型也很少。在气候模型中,大多数辅助线线路太大,不能解释一般尺寸的云的形成。浮质、煤烟、灰尘以及其他微小颗粒能促进云的形成,散射进入的辐射,促进冷却。但是认为这种作用将抵消温室效应也仅是一种肤浅的了解。气候变化的计算机模型必须将所有可能导致变暖的因素考虑在内,包括海洋、陆地,难怪它有这样的不确定性。火山爆发向空中喷出的灰烟尘也能阻止辐射的吸收,可以冷却气温。1991年,菲律宾皮纳图波火山的喷发,喷射出2000多万吨的二氧化硫,高达25公里。此次火山爆发被认为导致了1992年夏季反常的凉爽。人们如何能料到在何时何地将这样的一次火山爆发考虑到模型中呢?模型也必须考虑一系列与海洋和温度变化相关的现象,如ENSO、大西洋的10年周期性变化以及被人为控制着冰期和间冰期过程的轨道变化等。

为了更好地了解地球体系中的海洋——大气——陆地间的相互作

用,根据全球变暖预计未来变化,我们需要更多的调查和研究。尽管关于全球变暖有许多的不确定性,但有几件事情是明确的:地球正在变暖,气体中的二氧化碳含量正在升高,人类正在促使二氧化碳增加。现在摆在眼前的两个重要问题是:我们应该采取措施减少人为的全球变暖吗?如果是,应该做什么?对于这些问题的回答是理智而明确的,但是对经济和政治的关注又使它变得模糊。然而,就目前我们所了解的,现在必须采取行动了。大气中二氧化碳有长期的持久的影响,因此如果想较快地获得收益,对于减少二氧化碳含量的努力必须尽快开始而不是推迟。我们从地球自身的历史了解到:快速的气候改变对地球的居民将产生一种不可逆转的灾难性的影响。我们想成为下一个种族灭绝的起因吗?人类可能是灭绝种类之一吗?美国和国际社团——包括政治家、科学家、工业家、环保倡导者及公众——必须一起来寻求安全合理有效的方法,来减少温室气体排放,减少森林砍伐,同时寻求新的更清洁的能源。

什么是风暴潮

风暴潮与海啸都是由于海水突然暴涨,致使沿岸被海水淹没引起的灾害。但是,两者发生的原因和危害的情况是不完全一样的。

1991年4月29日夜晚,位于印度洋北部的孟加拉湾,出现了233公里/小时的特大强台风,它的风力相当于18级,从南向北袭击过来。当时海上巨浪高度已在6米以上,正巧又遇上了天文大潮的高潮时刻,两者相会合,浪推潮涌,潮逐浪高,海水很快吞噬了海岸低洼地区。顷刻间,孟加拉国第二大城市吉大港及周围2000多个村庄变成一片汪洋,海水几乎摧毁了所有建筑物和码头装卸设施,各种车辆被掀翻在地,一些中小型船只横躺在岸边,人和牲畜的尸体在水中漂浮,一派惨不忍睹的景象。有120多万居民的吉大港,平日的繁华昌盛,为一片狼藉和混乱所笼罩;在港口仓库中存放的百万吨大米也遭受海水浸泡,有些已卷入大海;河口三角洲原来搭建的众多居宅,也荡然无存;建在沿岸的养虾场已被海浪冲掉。在海上,约有5000名渔民和近500条拖网船失踪。这次劫难受灾总人数约1000万人。这是孟加拉湾近20年来最严重的一次风暴潮灾害。

风暴潮是发生在沿岸的一种严重海洋灾害。这种灾害主要是由大风和高潮水位共同引起的。发生的原因,首先是沿岸有大风。在海洋上形成的大风,主要有台风和温带气旋。台风发生在热带海洋上,它的破坏性很强,国际上称其为热带气旋,在大西洋和东北太平洋等地区称为飓风。全球平均每年台风约 80 个,其中约有能造成台风风暴潮;温带气旋又称为温带低气压,或叫锋面气旋。这种气旋形成的大风虽不及台风强,但影响的范围却比台风还大,平均约 1000 公里,大的达到 3000 公里以上。因此,由温带气旋引发的风暴潮也是比较常见的。

风暴潮能否成灾,有时还要看当时是否遇上天文大潮的高潮,如果两者潮位叠加在一起,成灾的可能性就很大。这是因为海水受月球和太阳等天体的引力作用,海面每天会出现上涨或下落的现象,这就是通常所说的潮汐。海面每天涨落两次的,称为半日潮,它们每次上涨或下落的间隔约为 6 个多小时;有的地方每天仅涨落一次,称为全日潮,每次涨落间隔为 12 个多小时,除此之外,在每半个月里,还会出现几天特别大的潮,它们在农历每月初一或十五左右发生,称为朔望大潮,此时海水上涨或下落得最厉害。如果风暴引起的海水,正巧遇上朔望大潮高潮涨水时,就会使风暴潮如虎添翼,很容易形成灾害。

海冰的行踪

海冰是极地和高纬度海域所特有的海洋灾害。在北半球,海冰所在的范围具有显著的季节变化,以 3~4 月份最大,此后便开始缩小,到 8、9 月份最小。

北冰洋几乎终年被冰覆盖,冬季(2 月)约覆盖洋面的 84%。夏季(9 月)覆盖率也有 54%;一些随水流动的冰群围绕着洋盆的边缘游弋,它们大多为 3~4 米厚的多年冰,有一些在夏季融化消失。因北冰洋四周被大陆包围着,流冰受到陆地的阻挡,容易叠加拥挤在一起,形成冰丘和冰脊。在北极冰域里,冰丘约占 40%。

北太平洋的白令海、鄂霍次克海和日本海,冬季都有海冰生成。大西洋与北冰洋畅通,海冰更盛,在格陵兰南部,以及戴维斯海峡和纽芬兰的东南部都有海冰的踪迹,其中格陵兰和纽芬兰附近是北半球冰山最活跃的海区。不过,这些冰山大都是大陆冰川或陆架冰断裂后滑入海洋的巨大冰块,外形多似金字塔状,冰中带有泥沙等杂质,密度较大,其中露出海面高度在 5 米以上的才称为冰山。冰山高度一般为几十米,长度从几百米到几十公里都有。

南极洲是世界上最大的天然冰库,全球冰雪总量的 90%以上储藏在这里。南大洋上的海冰,不同于格陵兰冰原上的冰,也不同于南极大陆的冰盖,只有环绕南极的边缘海区和威德尔海,才存在着南大洋多年性海冰。在冬半年(4~11 月),1~2 米厚的大块浮冰不规则地向北扩展,把南纬40°以南的南大洋覆盖了1/3,这些冰大多为冬冰,到夏季几乎融化掉80%以上。

南极洲附近的冰山里,是南极大陆周围的冰川断裂入海而成的。出现在南半球水域里的冰山,要比北半球出现的冰山大得多,长宽往往有几百公里,高几百米,犹如一座冰岛。它的外形比较平坦,质地比较纯洁,密度较小。冰山漂离原地以后,遇到较暖的海水,将逐渐消融。南半球冰山的平均冰龄为4年,冰山向北漂流道最北端可达非洲南部,相距源地约3000公里。据南极科学研究委员会观测所得数据统计,1973年度南极观测区域里发现的冰山数为1.8万个。这个观测区域仅占南大洋面积的1/15,据此推算,南大洋冰山总数约有30万个。

海上毒雾

1995年2月13日清晨,一股浓密的大雾笼罩在黑海、马尔马拉海和爱琴海。这一带正是欧亚大陆的交界,在马尔马拉海的东西两端,联系着世界上两大著名海峡。东端为沟通黑海与马尔马拉海的博斯普鲁斯海峡(伊斯坦布尔海峡)。海峡呈"S"型,全长30公里,平均深度为50米,最宽处位于北面第一弯道达3.4公里,最窄处在第二大桥为830米。海峡把欧亚大陆分开,也把土耳其分为欧亚两部分,是黑海沿岸国家唯一的出海口,也是国际上著名的水道。西端为马尔马拉海与爱琴海口,也是国际上著名的水道。水沟通马尔马拉海与爱琴海的达达尼尔海峡(恰纳卡莱海峡),长65公里,宽7.5公里,水深70米,也是黑海国家进入大洋的唯一通道。这两处海峡平日交通特别繁忙,每日来往船只很多,约有二三百只,绝大多数都是万吨和10万吨以上的大型远洋船舶。但这里的海雾常使海峡模糊一片,严重影响交通,船舶在这里只能像蜗牛一样慢行。

浓雾一出现,立刻就引起海员们的注意。他们发现这不是一般的海雾。这种雾呈黄色,带有刺鼻的硫磺味,经土耳其有关部门分析,这是严重的空气污染造成的,是海峡两岸汽车废气和冬季居民取暖烧煤排出的废气,废气中含有大量的二氧化硫。当海雾发生时,雾滴与二氧化硫微尘混合在一起,长时间徘徊在空气中,是一种带有一定毒性的海雾。据当地官员说,最近几年来,由于冬季大量使用劣质煤取暖,二氧化硫含量大大超过世界卫生组织规定的标准。由废气构成的海雾,不但影响船舶安全航行,也使当地居民受到这种毒雾危害,许多人患有呼吸系统疾病。为此,伊斯坦布尔市政府不得不明令规定,限制家庭办公室的取暖时间,当毒雾严重时,还将关闭学校,以保障青少年的健康。

2月正值隆冬,是当地最寒冷的时期,海峡沿岸取暖排放的废气日益增多,从而造成这次数天不散的有毒浓雾。浓雾已使博斯普鲁斯海峡的北口能见度下降到零。土耳其当局不得不暂时关闭海峡,使这条繁忙的国际航道顿时陷入瘫痪,造成海峡两端各有近百只船舶停航。由于这场浓密毒雾的出现,连接马尔马拉海和爱琴海的达达尼尔海峡的通道也关闭了,使1000万人口的伊斯坦布尔市的公路和航空也相继中断,这是近几年来罕见的。

因烧煤排出的二氧化硫引起的毒雾,也称"酸雨",在沿海城市也经常出现,其中以伦敦的毒雾最为著名。伦敦是国际上著名的大都市,18世纪曾成为当时世界上最大的海港和国际贸易中心。伦敦位于泰晤士河谷,地势低洼,冬季常受南英格兰一带上空高压脊的影响,使这个城市常处于无风、逆温状态,极易形成雾,故伦敦有世界"雾都"之称,由此"伦敦雾"也闻名于天下。

红色赤潮

1991年3月20日，在南海大鹏湾盐田水域，人们第一次发现，原本蔚蓝色的海水不知为什么变成了铁锈般的红褐色，一直持续到第二天晚上，红褐色才慢慢消失，前后经历长达36小时，红褐色海水的范围约12万平方米。经海洋学家分析鉴定，原来是这里发生了"赤潮"。

赤潮是一种海洋灾害，是由某些浮游藻类暴发性繁殖引起的水体变色现象。赤潮也叫红潮，淡水中的江河湖泊有时也会出现水色变红的现象，通常人们称之为"水花"或"水华"。这名字听起来怪美的，实际上这种现象造成的危害是很大的，尤其是，海洋里的赤潮，比江河里的水华危害更大。

1995年，我国近海发现多起赤潮现象。大多发生在5~8月间，一般呈长条状，宽几十米，长几公里到几百公里不等，呈橘红色和红褐色。海水为什么会变成红色呢？这主要是海洋遭受污染后形成的一种生态异常现象，是有机物和营养盐过多而引起的。当

某一海域的生态环境遭到破坏，一些浮游生物就趁机迅速繁殖和高度聚集，使海水变色，成为赤潮。这种能引起赤潮的浮游生物，海洋学上称为赤潮生物。一些鱼类吸食了这些赤潮生物，会因呼吸管堵塞而死亡、这些死亡鱼类的尸体又会继续放出毒素，毒害其他生物。这样连锁反应，最终使大片海水发臭，形成灾难性后果。实际上，发生赤潮的海水并不是都变成红色，而是有着多种多样的颜色，这主要因引发赤潮的生物种类不同而异。由夜光虫引发的赤潮，海水为粉红色或深红色；双鞭毛藻引起的赤潮则呈绿色或褐色；某些硅藻类引发的赤潮呈黄色或红褐色；膝沟藻引起的赤潮，有时水色没有什么明显的变化。

赤潮的发生是多种因素综合作用的结果。首先，要有赤潮生物存在，这是赤潮发生的最基本的原因。它可以是所在海区原来就有的赤潮生物细胞和底栖休眠孢囊，也可以是其他海区迁移或扩散过来的。此外，在海水中还要有适量的营养盐，主要是氮和磷、微量元素(如铁和锰)，以及某些特殊有机物(如某些维生素和蛋白质)，它们的存在形式和浓度也直接影响打赤潮生物的生长、繁殖和代谢。这些是赤潮形成和发展的物质基础。同时，要求海水比较稳定，水体流动缓慢，加上适宜的水温和盐度，这样产生赤潮的条件就具备了。

从发生赤潮灾害的记录看，大都是由于有毒藻类引起的。全球已发现约3万多种藻类，其中约有300种能引发赤潮。它们当中又可分为有毒和无毒两类。有毒藻类分泌的毒素又可分为麻痹性贝毒、神经性贝毒和下痢性贝毒。有的毒素可以直接毒杀鱼虾贝蟹等海洋生物，再通过食物链的作用导致人体中毒。无毒藻类虽不产生毒素，但能消耗水体中的氧气，使海洋生物缺氧死亡。

中毒的毛蚶

　　1987年10月31日夜间，在上海突然有300多人不同程度地出现上吐下泻症状。经卫生防疫部门鉴定，这是由于嗜盐菌污染食物引起的。时隔2个月，上海几十家医院共医治食用不洁毛蚶引起的中毒者1万多人，其后又发生大规模甲肝病流行。据国家卫生部防疫司宣布，截至1988年3月8日，上海累计有30万人患有甲肝病，其中死亡十余人。经调查证实，此次肝类患者中有90%左右的人生吃了毛蚶。

　　毛蚶是一种海洋瓣鳃类软体动物，贝壳较厚，壳上突起的纵线像瓦垄，俗称"瓦垄子"。上海居民食用的毛蚶，主要产自江苏省吕泗渔场附近。经多次分析研究认为，吕泗出产的毛蚶是由以下三个途径遭受污染的：一是渔民将带菌粪便直接入海，这只是局部污染，总量也较少；二是附近陆地粪便未经处理下雨后流经河道后入海，经考察附近陆上城市有厕所40多万个，这些厕所的粪便已经初级处理然后排放入海；三是长江每年有数十亿吨工业废水和生活污水入海，这可能是毛蚶带菌的主要原因。当然，这与毛蚶生活习性也有着密切的关系。毛蚶生活在4~20米水深的泥沙质海底和稍有淡水流入的浅海中，一只毛蚶每天需要过滤约120升海水，从中吸取腐殖质与微生物以维持生存。如果水中有大量的嗜盐菌、痢疾杆菌、甲肝病毒等致病微生物和其他有害物质，就会被毛蚶一起食入，并在肝腺内积聚。而上海市民食用毛蚶的方法，又给病菌、病毒侵入人体以可乘之机。上海居民为保持毛蚶的鲜美滋味，往往是把毛蚶冲刷后用开水烫一下，直接蘸上佐料就作为下酒菜食用，此时毛蚶体内仍为鲜红色。事实上，用这种方法处理，根本无法杀死毛蚶体内带有的病菌。据观察发现，这样食用的人要比煮熟后食用的人发病率高20倍以上。在晚秋季节，毛蚶大量上市之际，上海居民绝大多数都喜欢这种吃法，由此造成几十万人生病，是不足为奇的。

近年来，有关部门曾对我国沿海200多个县市做过医学地理调查，发现食物中毒和肠道传染病流行的记录年年都有多次。这种因食用海鲜引起的嗜

盐菌中毒的现象，在国外一些地区也经常发生。1987年12月，加拿大有近百人因食用贻贝中毒，加拿大政府曾一度禁止出售从北美东海岸捕捞的贻贝、牡蛎、圆蛤等海产品。上海市卫生局于1988年发出通告，严禁毛蚶在上海市场出售。使江苏沿海这项年产10万吨的毛蚶生产。遭到毁灭性的打击。其实，毛蚶本身并不产生毒素，主要是其生长环境遭受外来污染，使毛蚶因滤食而积聚病毒和致病微生物，从而成为带病毒的毛蚶。应当说，毛蚶也是海洋环境污染的受害者。人们从上海"毛蚶事件"中可以吸取这样的教训：人类不注意保护海洋，海洋对人类的报复则是必然的。不信的话，我们还可以从水俣病的发生过程，总结这样的教训。

海洋地质灾害

20世纪60年代以来,随着海洋石油、天然气资源的勘探开发和海洋工程建设的迅速发展,由海洋地质因素造成的灾害事故也不断发生。

据美国对海洋钻井设备事故的统计,海洋平台损坏中的40%、海底管道损坏事故的50%是由于海底不稳定造成的;而由于海上风暴引起的损坏数只占28%。在风暴破坏的平台中,究其根源,也大都与海底沉积物的不稳定有关,风暴只不过是外界诱发因素而已。

海底的不稳定,是指存在于海底之下浅层的各种地质地貌因素在某种条件作用下所发生的各种破坏性变化,或可能潜伏的危险,如海底隆起、移位、滑动或塌陷等。它能够导致平台倾覆,海底输油管道和海底通信电缆位移或断裂,码头或其他海底设施倒塌等破坏性事故。1980年,在美国得克萨斯州以南海域作业的一座自升式平台,因海底沉积物不稳定,一条桩腿突然沉陷,平台倾斜51°,另两条桩腿扭弯,造成4800万美元的损失。由此可见,海底的不稳定是海洋工程的大敌。正确认识和评价海底地质地貌环境,是海洋平台的设计和插桩、海底管道的铺设、海底电缆路线的选址以及设置其他海上建筑物需考虑的重大问题。任何对可能造成灾害的海洋地质环境的忽视,都将给海上施工带来严重危害。

为避免海洋地质灾害事故的发生,必须预先调查要开发或施工的海区,研究产生海底不稳定的海洋地质地理背景、诱发条件(如水文、风暴和地震等)和内在因素(如海底浅层含气沉积断层、侵蚀作用和沉积作用等),以及它们之间的相互作用过程,揭示形成各类地质灾害的作用过程、规模和形态特征。在积累大量资料的基础上,预测灾害事件可能发生的位置,这样才能防患于未然。

目前,美国各石油公司已把海底不稳定性的调查资料作为设计海上平台结构和选择管道线路必不可少的参考资料。政府的矿产管理部门也把石油公司预防海洋地质灾害的措施作为批准海洋钻井权的重要条件。石油公司申请对其海洋设备实行保险时,也必须首先交验海底不稳定性的实际调查资料。

虽然我国的海洋油气开发和海洋工程建设的历史不长,但同样遇到了许多海底不稳定因素,也发生过不同程度的事故。

黑海海啸

世界已知的海啸有 12% 发生在地中海。那么黑海有海啸吗？文献中极少提到黑海的海啸。俄罗斯学者尼柯诺夫研究了从古希腊传说到 20 世纪测潮仪记录的大量资料，尽管其中有许多不够准确，但从现在已经编目的记录看，这个内陆海的海啸约有 20 次，这足以判断黑海完全可能出现海啸。

从罗马教皇圣克里门特的传记中可以找到关于黑海海啸的比较明确的信息。该史料称，他到塔夫利达(今塞瓦斯托波尔湾海岸)去传教，却在黑尔桑涅斯附近被陷住，大海当时从海岸后退了 3~4 千米。如果认为这个传说乃是以真实的自然事件为基础的话，那就必须承认这是一次海啸。传说圣克里门特是公元 101 年 11 月 25 日被陷在那里的，可以说，这次由地震引发的海啸是黑海的第一次有明确日期的海啸事件。

黑海的另一次大海啸，20 世纪初发生在它的东海岸。据材料表明，当时相当强烈的地震摧毁了吉阿斯库利亚城。该城的部分遗址在今苏呼米湾海底被发现，只是没有专门的地质研究资料，难以可靠地断定在地震及苏呼米部分海岸陷落的同时是否还发生了海啸。但如果从其他地区的类似事件来看，这完全是可能的。

例如 1862 年在贝加尔湖东岸发生震级为 7.5 级的大地震时，广阔的沿岸平原陷落了 2.5 米从而形成了今日的普洛瓦尔湾，浪涛迅猛地扑向毗邻的湖岸，纵深达 2 千米之遥。

在今保加利亚的瓦尔纳市和巴尔奇克市周边地区，毫无疑问也发生不止一次毁灭性的海啸。人们把海啸同震源在瓦尔纳市—东黑海底的大地震联系在一起，它的浪高在4米以上。按6级测评海啸强度标准，这是一次5级海啸。

有关15世纪克里米亚南岸的一次大地震，早已被史料所证实。在17世纪和19世纪的文献中对这次地震有所记载。这次地震相当于1927年9月克里米亚海岸突发的地震，震级约为9级。史料中没有提到海啸，但当地的塔塔尔传说中却有对这次地震引发的海啸的描述："如此大的浪涛扑涌上来，大海发疯似的咆哮着，在佛罗斯村附近，几个村庄全被淹没，高高的海浪席卷了岸上的一切……"要淹掉几座村庄，海啸至少不低于3~4米。1927年，当克里米亚再次遭受强烈地震时，几个观测点记录的海啸浪高却没超过1米。这与类似的地震引发的海啸比较，浪高及力度方面相差甚远。

海浪

　　1894年的一天，美国西部海岸边的哥伦比亚河入海口灯塔站，曾发生一起奇怪的事故。一天，海风大作，一块数十千克重的大石头从天而降，把守护灯塔人的小屋砸塌。在这人烟稀少的地方，有谁会把这块大石头抛向灯塔呢！后来，守护灯塔人请来专家进行鉴定，原来，这块大石头是被海浪卷到40多米高的空中后，抛向灯塔的。

　　的确，喧嚣不息的海上波涛具有千钧之力。根据计算，海浪拍岸时的冲击力每平方米会达到20~30吨，有时甚至可达到60吨。如此巨大冲击力的海浪，自然会毫不费力地把十多吨重的巨石抛到数十米高的空中。

　　法国的契波格海港曾发生过一件事，一块3.5吨重的构件在海浪冲击下像掷铅球似地从一座6米高的墙外扔到了墙内。在荷兰首都阿姆斯特丹的防波堤上，一块20吨重的混凝土块被海浪从海里举到7米多高的防波堤上。苏格兰有一个叫威克的地方，一个巨浪竟然把重约1370吨的庞然大物移动了15米之远。西班牙巴里布市附近的海边，有一块大约1700吨重的岩石，在1894年的一次狂风巨浪之后，这块岩石竟然翻了个身。此外，巨浪冲击海岸所激起的浪花也很厉害，常常高达六七十米，而且具有破坏力。斯里兰卡海岸上一个60米高处的灯塔就曾被海浪打碎过。甚至位于海面以上100米处的欧洲设得兰岛北岸灯塔的窗户，都被浪花举起的石头打得粉碎。1989年我国的珠江口到湛江岸受到了8~10米的海浪袭击，致使沿岸海堤受到严重破坏。台山县海晏东

镇的中门海堤,高 5.7 米,宽 8 米,长 3.2 千米,全部被海浪冲毁。阳江的海陵大堤高 4.5 米,宽 10 米,也被海浪冲得所剩无几。这次巨浪共冲毁堤坝 172 千米,冲毁农田和水产养殖区 400 万亩,沉损船只 536 艘。

  海洋中有许多风大浪大常常令航海者生畏的海区。非洲南端的好望角就被人们称为"风暴之角",这里除受风暴为害外,还常常有被称为"杀人凶浪"的狂浪作孽。这种海浪的前部犹如悬崖峭壁,而后部则像缓缓的山坡,一般高达 15~20 米,有时竟达到 24 米,这种浪在寒冷的季节出现尤为频繁。此外还常有一种由极地风产生的既短促又旋转的海浪。当这两种海浪叠加在一起时,浪高又大大地增加。同时这里还有一股很强的从北向南的沿岸海流,当急驰的海浪与这条快速流动的"海洋之河"相遇时,就出现极不平常的海况。如果船只遇到这种海况,即使 20 万吨以上的巨轮也难逃厄运,轻则重伤,重则翻沉,有的甚至拦腰折断。为此,人们把好望角说成是"船只的坟墓"。

  在海上,不只是船只经常受到海浪的侵扰,海上石油钻井平台更是海浪袭击的目标。1980 年 8 月,一阵狂风恶浪摧毁了墨西哥湾里的 4 座钻井平台。1989 年 11 月,美国的"海浪峰"号钻井平台被海浪翻沉,84 人淹死。我国近海类似的海难事故也时有发生。1979 年以来,已有 2 座石油钻井平台"渤海 2"号和"爪哇海"号分别沉于渤海和南海,损失达数亿元。可以说,几乎每年都有钻井平台被海浪推翻的事件发生。仅到 1989 年为止,全世界被狂风恶浪翻沉的石油平台就有 50 多座。

海中奇异生物

科学家通过深海考察,在太平洋加拉帕戈斯群岛东南 320 公里,深度为 2600 米的海底火山附近,发现有不靠阳光生存的动物。阳光最多能到达海平面下 100~300 米,那里是一片漆黑,但却有大量长达 1 米的蠕虫(像水族馆的管虫)和 30 厘米大的巨蛤。另外,还有一些淡黄色的贻贝和白蟹。

另一次深海科学考察中,在离南加利福尼亚 150 海里的海底火山口,深度同是 2600 米的地方,科学家除了再次发现上述各种生物外,还发现了一种长得很像白鳗的鱼,这更是人类发现的第一种完全不依靠阳光生存的脊椎动物。这两次惊人的发现,引起了科学家们的极大兴趣:在没有阳光的深海世界里,这些生物为什么能生存下来,而且长得越来越旺盛呢?

科学家几经研究,揭开了这个奥秘。原来,在海底的地壳移动时,产生了海底裂缝,当海水渗入这些裂缝,并在里面循环流动时,水温便升高到 350 摄氏度左右。热水把附近岩石中的矿物质(主要是硫磺)溶解出来,在高热和压力的作用下,和水反应合成硫化氢,培育恶臭和有毒的东西,这就是火山口附近一些生物的能量来源。

之所以如此,是因为蠕虫、巨蛤或是贻贝,其消化系统大部分已退化,取而代之的是体内寄生着大量的硫细菌。这些深海生物和硫细菌两者互相依赖,共同生存。一方面,深海生物为硫细菌提供一个稳定的生活环境,以及合成营养的原料(硫化氢、二氧化碳和氧气);另一方面,硫细菌则通过一连串的化学作用介成营养(碳水化合物)来回报深海生物。这个情况,就好像陆地上植物的叶绿素,进行光合作用合成碳水化合物一样。不同之处,只是高能量的硫化氢取代了阳光。

但是,最令科学家迷惑不解的是,那些深海生物的体内存在着大量硫化氢,却仍能健康生长。硫化氢对生物的毒性并不亚于人们熟悉的氰化物,它能取代氧而和进行呼吸作用的酶素结合,因而能使生物窒息致死。研究人员已查出蠕虫血液里的血红素,它除了有运载氧气作用外,同时对硫化氢亦有极强的吸附力,从而防止硫化氢与进行呼吸作用的酶素结合,直接把硫化氢运往硫细菌寄生的器官中。而巨蛤体内则有一种特别分子去运载硫化氢,消除其毒性。至于其他深海生物的硫化氢"解毒"机制,则仍有待研究。

目前对有关深海火山附近生物的了解,虽然仍未完全,但已引起科学家的联想:在一些拥有高能量物质的环境里,例如含硫化氢和甲烷的沼泽,可能存在着类似的生物。由此看来,随着科学的发展,这个没有阳光的黑暗世界,终有一天会展现在人们的眼前。

最繁忙的海峡

重要的海峡往往是海运中的咽喉地带，许多重要航线都借助它而连接起来。西欧的多佛尔海峡就是其中之一，它是连接北海与大西洋的通道，西北欧10多个国家与世界各地之间的海上航线几乎全部在这里通过；同时，它又是欧洲大陆与英伦三岛之间距离最短的地方。

因此，海峡的航运十分繁忙，在任何时间里，海峡内总有40艘左右的船舶在行驶，每年船舶通过量达12万艘次以上，远远超过马六甲、直布罗陀等世界其他重要海峡。

多佛尔海峡大致为东北—西南走向，中段窄而两头宽，最窄处仅28公里，晴天时，在英国东南部多佛尔港与法国北部加来港以西的灰鼻脚之间，可以清楚地隔水相望。海峡大部分水深24~50米，最深点为64米。由于地处西风带，横渡大西洋而至的墨西哥湾暖流从西向东进入，而海峡恰呈开口向西的喇叭形，故形成很大的海潮，最大潮差达9米多。暖流和从北冰洋南下的冷空气在这里相遇，还使这条海峡成为世界上最多雾的地区之一。航行于海峡的船舶穿梭不绝，本已相当拥挤，加之风大多雾且有不少礁石浅滩，所以船舶碰撞、搁浅、沉没的事故层出不穷，世界上船舶碰撞事故几乎有一半发生在这里。

多佛尔海峡两岸有4对渡口可以火车轮渡，1969年轮渡交通量已达87万辆汽车和440万人次，十分拥挤。1973年英、法两国正式达成协议，决定在海峡开凿海底隧道，并开始着手这项巨大的工程。隧道从英国多佛尔港附近的彻利敦到法国加来港西南的圣加托,全长 62.4 公里。工程完工后,每年可输送 1600 万旅客和 450 万吨货物,列车通过时间可比轮渡缩短五分之四。

板块构造新发现

说起来,板块构造的发现,实际上开始于人们对大陆边缘谜一样的互相吻合开始认真质疑的时候。15世纪的莱昂纳多·达·芬奇,16世纪的弗朗西斯·培根和一个荷兰的地图绘制者以及亚伯拉罕·奥特柳斯,还有18世纪的博物学家乔治路易斯·布封和亚历山大·冯·洪堡都曾考虑过这个地理之谜。1858年,地理学家安冬尼奥·斯奈德—佩利格里尼在一张地图上说明了大陆可能曾以怎样的方式结合,是最早利用这种方式说明大陆边缘相适性的学者之一。当时的观点认为,只有极其强烈的地震或《圣经》上所说的大洪水才能使结合在一起的大陆发生巨大的分离。到了20世纪早期,德国年轻的气象学家阿尔弗雷德·韦格纳提出了一个基本的有事实依据的理论,他称之为"大陆漂移"。韦格纳推测,在两亿多年前,大陆是一个更大的超级大陆的一部分;大约1~1.5亿年前,这块巨大的陆地发生了分裂。然后,韦格纳说,当大陆漂移分离时,大陆间就形成了大的洋盆。

韦格纳的大陆漂移学说建立在几项有说服力的地质证据的基础上。在现在相距遥远的海岸上存在着相似的化石和岩层,这更说明海岸线这种不寻常的对应是古代超级大陆存在的一个标记。韦格纳以清晰的简化方式把大陆的分离过程看成是把一张报纸撕成两半:"我们将通过匹配它们的边缘,把这张撕开的报纸对起来,然后检查一下两边的文字是否能对齐,如果对齐处,则毫无疑问地得出结论:撕开的部分原本就是这样合在一处的。"对韦格纳来说,化石和岩层就是报纸上的文字,而大陆就是撕开后的报纸。他还发现,一种气候带的特征化石会出现于,气候迥异的现代环境。比如在非洲炎热干燥的峡谷里,他发现了冰川沉积,而在寒冷的极地,他却发现了表征热带气候的蕨类的化石。在南极洲,韦格纳还发现了煤层,说明这里以前气候温暖,生长着热带植物。韦格纳认为,这些奇怪的发现只能用大陆漂移来解释,当大陆随着时间的流逝在地球表面缓缓地漂移时,这些地区的气候必定随之发生改变。他发现,在北极圈地区(挪威、瑞典和芬兰),古代冰川融化后,大陆卸载了冰的重量,地壳就出现了上升的现象(现在称这个过程为冰川回弹)。韦格纳推测,如果陆地可以垂直运动,那么它也可以沿着地球表面发生水平运动,由褶皱岩层构成的山脉可作为这种水平运动的证据。

不幸的是,在韦格纳发表他的理论的时代,大部分科学家仍坚信,大陆和海洋的格局是地球表面不变的特性。芝加哥大学的罗林·张伯伦毫不含糊地对韦格纳的假说提出异议:"如果像这样的理论都可能放肆起来的话,地质学还能自称为一门科学吗?"另外一个受人尊敬的著名地质学家称这一理论为"彻彻底底、糟糕透顶的胡说八道"!而韦格纳给出的论据大部分是定性的,而且他的理论存在一个致命的缺陷,即他不能对大陆的运动方式给出一个合理的解释,也找不到驱动力。全世界的科学家,尤其是美国的科学家,都认为韦格纳的理论缺少证据,让人非常难以相信。由于没有更好、更确定的证据,大陆漂移理论被人们忽略了长达半个多世纪。而韦格纳一直在不懈地寻找证据,以证明他的大陆漂移理论,直到1930年,他在一次横穿格陵兰冰盖的探险中丧生。

技术的进步使科学家们首次对洋底进行了详细的研究,带来了打开板块构造之谜的地质钥匙。这是精明的分析与好运结合的一次突破。在第一次世界大战前,用于研究洋底的技术比较原始,我们对大洋及大洋中的沉积物的认识怎么说都是肤浅的。这时的测深是利用一根尾端系有重物的长长的绳子或钢索来进行；沉积物样品是靠艰难的进度极其缓慢的挖泥方式采集到的。"一战"后，原始的声纳系统发展起来，这种技术利用声波在海底的反射，通过记录声波返回船的时间来测量水深，即回声测深技术。利用这种技术，科学家们就可以对洋底的深度进行详尽的调查。到了20世纪50年代，科学家们已经发现，在海底存在着一条巨大的绕地球一圈的山脉链——大洋中脊。虽然在20世纪20年代的流星探险中曾发现过某种高地形(可能是一个高原)的存在，但直到20世纪50年代，科学家们才认识了大洋中脊系统是如此巨大以及它的本质。大洋中脊平均高出海底4500米，环绕地球绵延6万多公里，无疑是地球上最突出的地形，但竟然到20世纪中叶时才被发现。

第二次世界大战后，海洋技术有了更大的进步，人们对大洋和海底研究的兴趣增加了，所有这些导致了两项更为惊人的发现。磁力计起初是为了探测潜艇研制的，科学家们利用这种仪器，却发现海底有奇怪的磁异常现象。当含有磁性矿物的熔融岩石冷却时，它的磁性会与地球的磁场平行，这很像指南针。磁力计测量的是岩石磁性的方向和磁偏角的大小。现在在地球表面冷却的岩石的磁性是指向北的，磁偏角的大小依赖于它冷却时所处的纬度。20世纪50年代，与美国海军一起工作的海洋学家们发现，海底的磁异常呈斑马状。1963年，参加加拿大地质大调查的弗雷德·瓦因和德拉蒙德·马修斯提出，这种磁异常条带是由于地球的磁场再三反转造成的。研究陆地上的岩层的地质学家之前曾建立过这样的理论：在地球的整个历史中，它的磁场反转过许多次。现在，指南针与地球磁场平行时会指向北，这称为正常极性。如果地球磁场反转，指南针会指向南，这样就带了相反的极性。现在的科学家都认同磁场反转在过去的7.5亿年中已经发生了100多次的观点，但他们还是不清楚反转是怎样发生的、原因是什么。靠指南针正在远航的航行者会不会某一天由于指南针突然之间摆向南而迷失方向或者搁浅呢?或者指南针会不会是逐渐摆向南呢,如果是的话,又是什么促使产生了这种摆动呢,瓦因和马修斯提出,洋底正负相间的磁异常条带分别形成正常极性和极性反转的时期。但真正让人觉得奇怪的是,磁条带都平行于大洋中脊,而且它们的宽度和在中脊两侧的分布间隔都是一样的。

恰在此前一年,即1962年,普林斯顿大学的亨利·赫斯——韦格纳的一个追随者推测,大洋中脊的火山喷发形成洋壳,新生的洋壳向两边移动,最后消亡于深海沟中。赫斯和他的同事罗伯特·迪茨称这个过程为海底扩张。瓦因和马修斯提出的磁异常条带理论可以用海底扩张这个新概念来解释。在某一条脊轴上,新生成的洋壳冷却下来,磁性平行于当前的磁场。然后海底的扩张慢慢地将洋壳向脊轴两侧推移。一段时间过去了,磁场再三地反转,海底不断地扩张,在脊轴周围就形成了对称的斑马状条带。

在深海钻探计划实施的早期阶段,科学家们证实了海底扩张理论及其与磁异常条带的关系。深海钻探计划利用一艘专门设计的船和长约6100米(2万英尺)的取样管,采集了海底的岩心样品并对样品做了测年。这是一次惊人的壮举,就像从帝国大厦的楼顶,用一根在午夜的旋风中飘摆的意大利面条,在纽约的人行道上钻了个洞一样。深海钻探计划取得的数据证实,随着与脊轴的远离,洋壳的年龄增大了——洋底的确是形成于脊轴,并随着时间向外扩张着。还有两组有趣的观测资料支持了赫斯激进的海底扩张的想法。海洋学家和地质学家以前一直不明白为什么地球有大约45亿年的历史,而海底只是覆盖着比较薄的沉积物层,海底最老的化石年龄也不过只有1.8亿年。1965年加拿大的科学家图佐·威力逊提出了一种观点,结合了大陆漂移和海底扩张理论,对上述的两组观测结果做出了解释。

威尔逊一直在研究洋壳中发生的地震和断层现象。他认为，地球坚硬的外壳被撕成许多移动的碎块，即"板块"，这些板块在海沟的汇聚和消亡与板块在大洋中脊的扩张相平衡。他把横穿洋中脊的断裂称为转换断层。这些转换断层使得比较平的板块能在地球的球形表面上运动。地震带的分布使人们相信，地球是被分成了许多板状的部分，后来发现的火山带的分布也支持了上述观点（地震带和火山带大部分分布于板块边缘）。洋壳在海沟消亡，可以解释为什么海底的沉积物层比较薄以及洋壳的年轻，比较老的海底和沉积物都经再循环过程返回到地球内部了。

20世纪60年代晚期，新的化石的发现也支持了大陆在地球表面漂移的观点。研究者在南极洲发现了一种羊一般大小的爬行动物——水龙兽的化石，与在非洲和印度发现的距今2亿年的化石一模一样，这说明，南极洲、非洲、印度曾连成一体。

从20世纪60年代到70年代这段时间内，板块构造学说的证据大量出现，支持这一学说的人也越来越多。不久，这一学说的遗留问题也有了大略的答案，解决了驱动力的问题。科学界开始以一种全新的眼光来看地球以及产生和改造地球表面的那些力。曾经只是一个假说的东西成了人们接受的定理，各地的教科书不得不重新编写。我们不再称之为大陆漂移或板块构造学说，而是板块构造理论。

透明度最大的海区

所谓海水的透明度,是指用直径为30厘米的白色圆板,在阳光不能直接照射的地方垂直沉入水中,直至看不见的深度。北大西洋百慕大群岛附近的马尾藻海,是世界上公认的最清澈的海,其透明度达到66.5米,在某些海区,透明度达72米。每当晴天,把照相底片放在1000余米的深处,底片仍能感光。这是所有其他海区所望尘莫及的。

马尾藻海是一个十分奇特的海区。它所处的位置(北纬23~35,西经40~75°)正是北大西洋副热带高压的中心沿着高压中心,边缘经行的顺时针大洋环流成了它的"海岸",西、北为墨西哥湾暖流,东为加那利寒流,南为北赤道暖流,中间围成了一个面积达645万平方公里、平均深度在4500米以上的海区。这里到处浮动着以马尾藻为主的海藻,就像是一片浸水的大草地,估计藻类总量在1500~2000万吨。其他还有50余种鱼类和动物,如飞鱼、海龙、剑鱼、旗鱼等。由于常年没有强风,海水较平静,悬浮物质下沉很快;再加上远离大陆,不受江河影响,海水盐分高达36.5‰~37‰。上述种种,是马尾藻海透明度特别大的原因。

此外,骇人听闻的"魔鬼三角区"也正是这个马尾藻海的所在。近百年来,从那里不时传来过往飞机和船只失踪的消息,甚至连残骸和尸体也不知去向,有时飞机和船只虽然安然无恙,却发生仪器失灵、器具变形、钟表走慢等离奇现象。这引起各国科学家的极大关注,纷纷前往该海区进行考察和研究。目前,有关猜测和解释众说纷纭,至今还是地球

上的一个谜,但是可以相信,人类的智慧终将揭开"魔鬼"的神秘面纱,弄清那些不幸者遇难的真相,并且找到有效的办法来防止这种悲剧的重演。

最大的防潮闸

世界上各大入海海河口区,均不同程度地受到风暴潮的侵袭,特别是一些地势低洼的河口区更易遭受灾害。同时,河口区又是各个国家的重要通道,为了充分利用这一地理优势,又避免风暴潮的危害,不少国家相继建设了众多的防潮的闸,其中最突出的,要数荷兰新建的一座防潮闸。

荷兰位于西欧,濒临北海,全境地势低洼,河流纵横,渠道交错,堤坝密布。全国面积近5万平方公里,其中有一半位于海拔1米以下。长期以来,荷兰人民与海潮、水患斗争,依靠修筑堤坝防潮,当大海潮来临时,"半壁江山"将没入水下。

荷兰沿海低洼之处,河流众多,水势汹涌,加上这一带潮差较大,极易发生风暴潮灾害。为避免遭受灾害,荷兰政府修筑了众多的防护设施。近年来,修建在荷兰西南部韦斯特思尔德的新水道口上的一座宏伟防潮工程,最引世人瞩目。这座防潮工程是迄今为止世界上最大的防潮闸工程。由于河道口地势低,河道多,上游水量丰富,在汛期常受风暴潮灾害之苦。在20世纪80年代初期,经过论证后认为,在这里建设一座开关式移动性防潮闸门是可行的。在这项工程中,设计了两扇巨大的防潮闸大门,平时把这两扇大门存放在船坞里,让河水从闸口通畅流过,以利通航和排水。当风暴潮来临时,利用计算机控制电力机械启动大门,关闭河道达到防潮的目的。

防潮闸大门是这项工程的关键部位。大门为两扇,宽约360米,采用可升降的船体式,船体高22米,长210米,分成许多个舱室,犹如集装箱一样,其中一个舱室为电机房,用来安装电力和水力装置,其大门的舱室利用进水多少来控制船体的浮沉。每扇重36000吨。为了能承受这样巨大的重量,而又能让它灵活转动,特别铸造了直径10米、重680吨的钢球,作为它的支点圆心。把钢球固定在重5.2吨的三角形水泥地基上,它的承受力可达7万吨。

防潮闸大门的运行程序全部用计算机系统操纵。风暴潮一旦来临,水位超过阿姆斯特丹常年平均海平面3.2米时,先将水放进船坞里,让防潮库大门浮起,然后打开船坞门,用机车把防潮闸大门移到水道中央。这时,开启它的各个舱室,放水进舱,让其下沉至离河底1米处,利用下边空隙处涌出的急流,把河床上的泥沙冲刷干净,再把防潮

闸大门平稳地落到底部,两扇大闸门很严密地将宽360米的河道关闭。待风暴潮过后,先将防潮闸大门各舱内的水排出,使其上浮,用机车拖回船坞内放好,再排干船坞内的积水,待下次再用。

这项防潮闸大门工程,是考虑了十年一遇的风暴潮情况设计的。为保证防潮闸大门的正常运动,每年都要演习一次。这项工程总投资达9亿美元。它的建成使河口区的百万居民免受风暴潮灾害之苦。

温度、盐度最高的海

印度洋的边缘海——红海有许多不寻常的地方。首先,它的外形奇特,在世界地图上很容易找到这个狭长成条、被夹在非洲东北部和阿拉伯半岛之间的海域,两岸平直陡立,互相平行。从南部曼德海峡算起,长约2100公里,而最大宽度才306公里,北部分叉成两个海湾:西为苏伊士湾,东为亚喀巴湾,酷似一条昆虫的两支触角。其次,红海面积虽不大,约45万平方公里,但深度却不浅,大部分海区水深在1000米以上,中部的深槽最大水深达2740米。再者,红海的海水也非同一般,在它表层海水中繁殖着一种蓝绿藻,这种海藻死后变成红褐色,并使海面染色,红海因此而得名。但红海最突出的是,它具有世界各海中最高的水温和含盐度。

红海地处于热的沙漠地区,海面上经常空气闷热,尘埃弥漫。全年降水一般在一二百毫米之内,周围也很少有河流注入,而蒸发却十分旺盛,年蒸发量达2000毫米,远远超过年降水量。红海通过苏伊士运河与地中海之间的海水交换很微弱,补充红海海水的唯一通道是曼德海峡。夏季,表层海水由红海流入印度洋,底层则由印度洋流入红海;冬季的情况恰好相反。只是由于印度洋进入红海的水量大于红海进入印度洋的水量,才使得红海不至于因强烈的蒸发而逐渐干涸。不过,曼德海峡很狭窄,其下部还有一道高高的岩岭,这大大限制了流入红海的水量。以上都是致使红海温度、盐度高的原因。红海8月份表层海水温度可达27~32℃,就是在200米以下的海水水温也在21℃上下。含盐度一般都在40‰以上，北部苏伊士湾一带高达43‰。

近年在红海还发现了几处水温和盐度特别高的海区，它们都处在海中比较深的盆地上，海盆内水温达56℃，上部水温也有44℃，同时含有比一般红海海水高出7倍的盐量。这样的海区被称为"热洞"。原来红海海盆是东非大裂谷向北的延伸部分，由于地壳断裂，使过去连在一起的阿拉伯半岛和非洲大陆分离，并流进了海水。与大裂谷一样，红海海底还在继续扩张，造成地下岩浆沿地壳裂隙上升并溢出到海底，形成海底熔岩。炽热的岩浆加热了围岩，同时也加热了海水，海水受热上升，就形成了所谓的"热洞"。红海的扩张过程是时断时续的，曾有一个时期红海与印度洋中断联系，这时海水被蒸发干涸，在红海底堆积了一层很厚的盐，成为"热洞"海水盐分的重要来源。

最小的海

在人们想像中,海洋都是非常辽阔的。但有一个海却例外,当人们在海中航行时,可以清楚地看到它的两岸。这个海就是土耳其西部、位于亚欧大陆之间的马尔马拉海。它的面积仅1.1万平方公里。如果说珊瑚海是海中"巨人",马尔马拉海也就是海中"侏儒"了。

马尔马拉海长280公里,宽80公里,呈椭圆形。它东北面通过长31公里的博斯普鲁斯海峡联结黑海,西南面通过长61公里的达达尼尔海峡联结地中海,自古以来就是黑海地区通达外海的航行要道。著名的古城伊斯坦布尔(旧称君士坦丁堡)位于马尔马拉海北岸博斯普鲁斯海峡的入口处,它扼守着亚欧两大洲之间海陆交通的枢纽之地,具有重要的战略意义。目前,通过马尔马拉海进出黑海的船舶每年有将近两万艘,其中前苏联占五分之四。

马尔马拉海在地质上是一个很年轻的海,形成至今,大约只有100万年。当时这里的陆地沿着一条老断层线发生大规模沉陷,才造成马尔马拉海及其两侧的海峡,使黑海得以同地中海沟通,而在此以前,黑海是长期与外界隔绝的。由于这种断裂沉陷的原因,因此马尔马拉海范围虽小,深度却很可观,最大深度达到1355米,这是我国黄海和渤海所望尘莫及的。一些原来的山岭随断裂沉陷,山顶露出水面,形成了马尔马拉海中的许多小岛和海峡。其中最大的马尔马拉岛达到125平方公里,岛上还盛产有美丽的黑色条纹的大理石。"马尔马拉"这个名字也就是大理石之意。

最深的海沟

位于太平洋中西部马里亚纳群岛东侧的马里亚纳海沟是一条非常著名的海沟。它南北延伸2850公里,而宽度只有70公里,以近乎壁立的陡崖,深深切入大洋的底部。这条海沟的形成估计已有6000万年。

1957年,苏联科学院海洋研究所的一艘海洋考察船"斐查兹"号对马里亚纳海沟进行了详细的探测,并用超声波探测仪于8月18日在它的西南部发现了一条特别深的海渊,它位于北纬11°20′9′,东经142°-11′5′,其最大深度达到11022米(也有11034米之说),这里就是迄今已知的全世界海洋中最深的地方。如果把珠穆朗玛峰放在里面,它的顶峰离海面还相差2174米。根据以发现船命名的惯例,这条海渊就被称为"斐查兹"海渊。

由于海水深度每增加约10米,压力就要增大一个大气压,因此海沟里的压力将达到1000个大气压左右,加上缺氧,有人认为在这样的环境里,生物不可能生存。1960年1月23日,一位美国科学家和他的儿子乘坐"特里斯特"号深海探测器,潜到"斐查兹"海渊的底部,成功地经受住15万吨巨大压力的严峻考验。据报道,他们下潜不到几百米,即已进入完全黑暗的世界。在那里,偶尔出现繁星点点,或像箭似的一掠而过的发光动物。经过两个多小时,他们终于下潜到世界海洋的最深点,亲眼看到鱼虾类悠然自得地遨游其中。

最大的海

　　珊瑚海是太平洋的一个边缘海。它的西部紧靠澳大利亚大陆东北岸,北缘和东缘为伊里安岛、新不列颠岛、所罗门群岛、新赫布里底群岛等所包围,南部大致以南纬30度线与太平洋另一边缘海塔斯曼海邻接。海域总面积广达479.1万平方公里,比世界上第二个大海阿拉伯海要大四分之一。珊瑚海介于伊里安岛和所罗门群岛之间的一部分海域,有时又称所罗门海。海底大致由西向东倾斜,交错着若干海盆、浅滩和海底山脉,有不少地方海深约3000~4500米。所罗门群岛和新赫布里底群岛内侧有一长列狭长深邃的海沟,这里是全海域最深的地方,最大深度达到9140米。珊瑚海平均水深为2394米。在各海中不算突出,但因其面积大,所以海水总体积达1147万立方公里,比阿拉伯海多9%,约相当于我国东海的43倍。

　　珊瑚海不仅以大著称,还以海中发达的珊瑚礁构造体而闻名于世,珊瑚海因此而得名。礁体的"建筑师"珊瑚虫,是一种水螅型的动物,呈圆筒状单体或树枝状群体,靠捕捉浮游生物和海藻为生。珊瑚外层能分泌石灰质骨骼,其死后的遗骸便成为礁体。

　　珊瑚海是一个典型的热带海,终年受南赤道暖流的影响。最热为2月,表层平均水温可达28℃,8月也有23℃,海水的含盐度和透明度很高,水呈深蓝色。在大陆架和浅滩上,或以岛屿和接近海面的海底山脉为基底,发育了庞大的珊瑚群体。一个个色彩斑驳的珊瑚岛礁,点缀在辽阔澄碧的海面上，构成一派绮丽的热带风光。澳大利亚东北岸近海的大堡礁，像城堡一样，从托雷斯海峡到南回归线之南不远，绵延伸展2000多公里,宽 19.2~240 公里,总面积约 8 万平方公里,为世界上规模最大的珊瑚礁体。

什么是三叶虫时代

大约5.5亿年前的古生代时期,庞大的超级大陆依然沿着赤道分布,但不久,巨大的裂隙撕开了大陆,海水涌入,形成了大片的浅水地区。在后来的2亿年里,大陆分离并漂向两极。岩石和化石的特征表明,那时海洋的温度在20℃~400℃(68°F~104°F)之间,海水的化学组成和含盐量与现代的海洋非常的相似,大气中,氧气的含量不断上升。广阔、温暖的浅海栖息地为生命的爆发提供了绝佳的环境。

古生代的开端是寒武纪,这是一个以空前的生物演化和奇特的海洋生物多样性为标志的时期。在1000~3000万年的时间里,海洋生物迅猛发展,并出现了地球上所有生物的形态雏形。因此,这一时期被称为寒武纪爆发或生物大爆炸。甲壳类、贝类、海胆、海绵、珊瑚、蠕虫以及其他生物的祖先全都诞生了。生物第一次开始利用海水中的矿物质,例如二氧化硅、碳酸钙和磷酸钙等来制造贝壳或骨骼,也就是说,生物进化出了硬体部分,如贝壳、棘状物和由鳞构成的鳞甲。

最早具有硬体部分的动物种群是小介壳一类的生物。它们中有一些与现代的生物相似,而另一些则具有奇特的小的叶状物、管状物、鳞甲和帽状物。斯蒂芬·高尔德在他的颇具有启蒙意义的书《神奇的生命:代表性页岩和历史的本质》中指出,古生物学家以令人尊敬的坦诚,尴尬地把这些最早的令人迷惑的生物称为"小介壳类动物群落"。随着时间流逝,小介壳类动物群落消失了,但其后不久,最著名的寒武纪动物种群出现了,这就是爬行的三叶虫。那些对三叶虫特别感兴趣的人把寒武纪命名为三叶虫时代。三叶虫化石的数量丰富,并且由于三叶虫具有矿物质化的外骨骼而使保存的完好程度大大提高。三叶虫化石如此之普遍,以至于后来它们能在大多数博物馆和出售天然品的商店中以合理的价格就能买到。你会看到三叶虫的体态是那么的优美,整个身体分为头、胸、尾三部,背甲被两条背沟纵向分为一个轴叶和两个肋叶,真是名副其实。

三叶虫是节肢动物门化石种类中最重要的一类,已记述过的种数超过了1万。从古生代开始(距今约5.4亿年)到结束(距今2.5亿年)长达近3亿年的漫长时期内,三叶虫一直活跃在海洋中,尤其在寒武纪的海洋里。它们以种类多、数量大而占据绝对优势。在寒武纪之后,由于前面介绍过的角石类兴起,大量捕杀三叶虫,才使它们逐渐衰落,并于距今2.5亿年前的二叠纪末灭绝。

三叶虫的胸部生有许多对附肢,可以在海底爬行,或者在海水中漂游。它的身体分为许多节,在受到惊扰时,可以像许多身体分节的动物那样,将身体蜷曲起来。在地层中,有时可以看到呈蜷曲姿态保存的三叶虫化石。

三叶虫的身体分为头、胸、尾三部分,当它们死亡之后,这三部分常常解离,所以在化石状态,整个虫体完整保存的并不多见,经常见到的仅是其头部或尾部。在我国山东省泰安市南部大汶口附近的一座小山脚下的寒武纪岩层中,保存有丰富的三叶虫化石。各种三叶虫化石在石块上表现为凸起的和凹入的"花纹",这些"花纹",有的像展开着翅膀的蝙蝠,有的像蝴蝶,也有一些像一颗颗的豆粒,当地的老乡把这些带有花纹的石头叫做蝙蝠石、蝴蝶石和豆石。研究三叶虫化石,不仅可以使我们了解这一类古老节肢动物的生物学特征,而且有重要的地质意义,三叶虫化石是古生代早期地层划分和对比不可缺少的重要化石。此外,保存完整的三叶虫化石,还是各个国家自然历史博物馆收藏的珍品。山东泰安大汶口附近的老乡还把带有蝙蝠石、蝴蝶石的石块加工成砚台或其他工艺品,畅销国内外。

海星与棘皮动物

在三叶虫之后，出现了大量其他的甲壳类动物、类似蚌的腕足类动物、棘皮类动物和一种奇特的具有硬质钙质骨骼的圆锥状海绵。腕足动物是一种滤食性、有壳的生物，与蚌类似，靠斧足或棘状物固定在海底生活，或只是栖息于海底。棘皮动物得名于它们带棘的表皮，包括海胆、海星以及像花一样的海百合。它们是无头的生物，不知道前后，时至今日还生活着。由于海星和海百合的身体表面有许多瘤突或棘刺，所有棘皮动物都是五边对称的。寒武纪的海洋中，充斥着蠕行类、掘穴类、少数的游泳类、一些浮游类和海底固着类的动物。珊瑚开始生长，形成了原始的珊瑚礁，水母在上面随波漂流。

除海星和海百合外，大家吃过的海参，看见过的海胆和海蛇尾，它们都属于棘皮动物。棘皮动物尽管属于无脊椎的动物，但它的骨骼并不是像一般无脊椎动物那样由外胚层发育而来的外骨骼，而是由中胚层形成的内骨骼，再加上口腔形成的方式和幼体的形态与原始脊椎动物相似，因此人们认为棘皮动物是脊椎动物的近亲，为无脊椎动物中最高等的类群。

棘皮动物的骨骼有一个显著的特征，那就是组成骨骼要素的方解石具有网状结构性质。对于地质古生物学家来说，了解这一特点特别重要。因为只要根据一小片骨骼石来观察其方解石是否具有网状结构，就可以确定该骨片是不是棘皮动物的遗骸了。如果是棘皮动物的遗骸，那就可以进一步确定保存该骨片的地层可能是海相地层，因为所有的棘皮动物都是海生的。

在棘皮动物中，海星的体制是典型的五出辐射对称，由中央体盘向四周发射出五个突出的腕，形似五角星。它们的身体扁平，口面向下，反口面向上，腕上长有许多管足，借管足末端的吸盘吸附海底而移动身体。海星类最早出现于距今4.4亿多年前的奥陶纪晚期，经过长期演化延续至今，在现代海洋中仍然较繁盛。

海百合的身体分为茎(包括根部和柄)、萼、腕三部分，为有柄的棘皮动物，大多以茎固着生活于海底，远远看去，好似植物中的百合花，因此而得名。海百合的茎由一系列钙质茎环连接而成，基底有时生根，或呈锚状，用以固定于海底。茎的顶端为萼，形似花萼。萼上着生5个具有许多羽枝的腕。现在海百合中无茎的种类，借助腕上羽枝的摆动可以在海底移动，主要生存于浅海，但有茎的种类则过着固定的底栖生活，在印度洋到太平洋底部常常密集成群。古生代和中生代的海百合，大多在浅海底栖。海百合最早出现于距今约4.8亿年前的奥陶纪早期，在漫长的地质历史时期，曾经几度(石炭纪和二叠纪)繁荣，其属种数占各类棘皮动物总数的三分之一，在现代海洋中生存的尚有700余种。在海百合类繁盛时期(石炭纪和二叠纪)形成的海相沉积岩中，海百合化石非常丰富，甚至可以成为建造石灰岩的主要成分，但我们所见到的，多为分散的茎环，而完整的海百合化石十分罕见。

水母与环境

水母,虽然是一种极其古老的生物,但它对于人们来说,并不是很陌生的。海蜇就是水母的一种,它富有很高的营养价值,为人们所喜爱。还有一种桃花水母,具有粉红色的生殖腺,透明的伞顶在水中沉浮,犹如落水桃花,更是观赏的佳品。

人们对水母的习性也有所了解,由于它伞体和触手上的刺细胞能放出毒素,致使鱼类麻痹和僵死,对人类也有所危害,所以早在希腊神话中,把女妖美杜莎就叫做"水母"。美杜莎的形象是十分可怕的:头发是一条条缠卷的毒蛇,面孔狰狞、目光尖刻。谁要是一看她,就立刻变成一块石头。

但神话毕竟是神话,带有一些神秘和美丽的色彩。然而,就在近几年,在地中海海域居然真的出现了这样一种危机,这就是水母泛滥成灾。

水母的过剩繁殖为地中海地区的经济和旅游都带来很大的困难。由于有的水母触手修长,缠住渔网后,阻止了水流畅通而使渔网冲走;又因为水母身上的刺细胞给鱼群极大的威胁,以致鱼群迁徙,渔业减产。地中海海滨历来又是世界旅游的圣地,每年都有2亿人次的游人来此度假。可是由于水母对人体有所伤害,轻者灼伤,重者心脏麻痹、生命垂危。因此,纷纷败兴而归,好不凄惨!

水母的种类极其繁多,大的如霞水母,伞径可达2米,伸展的触手超过36米,而小的一些海面群落伞径有几毫米。不同的水母其感觉的方式也不一样,有的靠看角皮形成的透镜来看到,有的长有简陋的眼睛,还有的依靠一种类似于人的内耳功能的平衡器。水母都有一种相同的捕食和自卫的本领,这就是在它的触手上寄生着许多刺细胞。刺细胞内有一个刺丝囊,贮有毒液和盘着一卷刺丝。当受外界刺激时,刺丝囊能翻出来,刺丝像标枪或长鞭一样射出,随之毒液也喷出。它对鱼类或人体的伤害也正是这样一个过程。

专家们对水母的习性和环境进行充分的研究以后,归纳出水母恶性泛滥的三个原因:其一,是由于近代的城市和工业废水的大量排放,造成沿海和海湾水域的富营养化,这些从阴沟里来的渣滓,无疑是这种低等软体动物的很好食粮,它们吃遍四方,自然就大量繁殖。其二,是其天敌的消灭。原来,海龟以水母为食,可是由于工业发展,人们向海洋中抛入大量废弃塑料袋一类的东西。这样,海龟误把透明、漂浮的塑料袋当成水母,而贪婪地吞噬,结果反倒送了性命。这种生态平衡的破坏,也导致水母的泛滥。其三,是由于长时期的海洋反气旋的条件,致使水螅型的珊瑚虫群体形成恐慌,在适应生存的过程中,加速了小水母的产生。

针对上述情况,专家们也纷纷提出一些控制和防范的措施。一种办法是采用抗水母的保护性油脂,如果涂抹在身上,可以不怕水母的攻击,相反还可以同水母追逐玩耍。另一种办法是设置一些人为的栅栏,或采用消防用的喷管,阻止和吹散水母的聚集群。更为绝妙的是一位澳大利亚专家提出采用抗水母生长的疫苗来有效抑制水母的繁殖,据说在他的实验室里已经研制出这种疫苗。

看来,地中海的一场水母之灾是可以避免的了,但是它给大工业的发展、环境污染及生态平衡,又将有什么更深刻的启迪呢?

伯吉斯页岩化石

现在,全世界都发现了寒武纪时期的化石。伯吉斯页岩是加拿大英属哥伦比亚南部的落基山脉的一处露头,其岩层是最早、最著名也是最有争议性的研究寒武纪海洋的窗口。1909 年,Smithsonian 研究所的秘书查尔斯·伍尔科特最早发现了伯吉斯页岩的化石。在家人的帮助下,他花了数年时间在伯吉斯页岩的黑色岩层中挖掘化石,最后向 Smithsonian 国家自然历史博物馆提供了 65000 多件的化石标本。随后的研究表明,伯吉斯页岩的动物曾生活在一个高耸的石灰岩峭壁边缘的一个巨大珊瑚礁上,之后在一次猛烈的水下泥崩中,它们在很短的时间里被杀死,并被埋藏起来。它们形成的化石,不但包含了最早的具有硬体的生物的证据,还包括了古生物家梦寐以求的丰富多样的软体动物化石。伍尔科特最后鉴定出我们现在知道的 170 个种类中的 100 个。一些科学家批评伍尔科特,因为他试图根据现代海洋中生物的身体结构来划分古代的生物。但是伍尔科特对我们了解古代的海洋所做出的巨大贡献是无可争议的。

在伍尔科特工作之后的几十年里,科学家对伯吉斯页岩化石很少关注。到了 20 世纪 60 年代后期,英国剑桥的一个研究小组在古生物学家哈里·韦廷顿和他的两个学生布里格斯和莫里斯的带领下,开始对伍尔科特的化石采集场和收集的伯吉斯页岩化石进行了广泛的再次调查。他们使用了精密的显微镜,对伯吉斯页岩化石进行了细致入微的观察,还用牙科钻头揭开了被硬结沉积物包藏了多年的化石表面。随着研究的进行,墨黑色页岩中开始出现以前从未见过的生物。在高尔德有关伯吉斯页岩化石的精彩描述中,他强调了这些"不可思议的奇迹"的奇特性质。

围绕着伯吉斯页岩存在着许多争议。它们对进化意味着什么,是否是现代生命形式的祖先,或者只是代表了导致灭绝的不成功的原型。布里格斯最初将一种动物描述为多毛纲的环节动物———一种身体分节的蠕虫。后来,莫里斯发现,这种动物沿着躯干的棘毛不像任何的多毛纲动物,在认识到这种动物奇特的性质后,他将其命名为 Hallucipnia。1977年,莫里斯将这种动物画成一种蠕虫状的生物,背上有七根不断摆动的触角,用柱状的棘行走。20 世纪 90 年代早期,科学家研究了来自中国的保存完好的标本后,给出了另外一种解释。他们认为,莫里斯所画的实际上上下颠倒了。这种动物实际上是一种毛虫样的生物,背部的棘起着防身的作用,而长的触角状足是用来爬行的。但莫里斯把它的腹部当成了背部,把背部当成了腹部。现在,莫里斯和其他的科学家都认为,这种动物是现代节肢动物的祖先,如蟹、蜘蛛和昆虫等。伯吉斯页岩中的另一种动物是 Allomalocris,或称为"怪虾"。它长度可达半米,是最大的也可能是最贪得无厌的动物。它具有眼柄,身体类似乌贼,嘴圆形,有齿状颚和与头部相连的庞大四肢。它强有力的颚和捕食的本性使它荣获"三叶虫时代的恐怖分子"的称号。起初,怪虾被认为与现代的种类无关,但现在一些科学家认为,它也可能与节肢动物具有早期的亲缘关系。对于布里格斯化石采集场和其他地方发现的寒武纪时期这些不可思议的奇迹的研究和争议仍在继续着。

第一条鱼

从地球上的第一条鱼发展到目前脊椎动物中最繁盛的类群,比较恐龙等爬行动物大起大落的发展史,鱼类的演化看起来是那样的漫长而又波澜不惊。其实,这个过程中隐含着脊椎动物进化历程中两次重大的革命,颌的出现与登陆的发生。古生代海洋中笨重的游泳者里发展出了两个大分支,一支进一步适应于水中的生活,并最后进化为今天的各种鱼类,成为地球水域的彻底征服者;另一支则离开了水域,向生活条件更多样化、更富于挑战的陆地发展,成为今天的四足动物。

生物的进化有一条规律,就是形态级别愈高,进化就愈快。随着寒武纪的来临,生命之火逐渐形成了燎原之势。在广阔的海洋里,不仅生活着细菌、蓝细菌以及单细胞、群体细胞或多细胞植物,生活着单细胞动物和海绵、腔肠动物、蠕虫等多细胞无脊椎动物,而且还生活着体壁由三胚层构成的动物,它们是越来越高等的无脊椎动物,如苔藓动物、腕足动物、软体动物、节肢动物和棘皮动物等。它们有的在水中漂浮,有的固着海底或在海底爬行,生物爆发式繁荣昌盛的局面出现了。这正是古生代开始时期。

1999年11月4日,国际著名的科学杂志之一——英国的《自然》杂志发表了一篇由中国学者撰写的,在学术界引起了强烈轰动的研究论文。文章报道了在我国早寒武纪澄江生物群中发现的迄今所知最早的脊椎动物——昆明鱼和海鱼。同期杂志发表了一位法国学者以《逮住第一条鱼》为题的评述:来自中国的这一重大发现表明,"脊椎动物在早寒武世就已经开始了分化"。地球上的第一条鱼被找到了。

澄江县距昆明市63公里。1984年6月,中国科学院南京地质古生物研究所侯先光独自一人来到澄江帽天山进行古生物考察,发现一些保存完好、形状奇特的无脊椎动物化石。随后,侯先光、陈均远等10多位科学家来此,对各化石点进行系统发掘和研究,共采得古生物化石5万多块,有80多个物种,分属40多个门纲。这一发现震惊世界,被称为20世纪最惊人的发现之一。

澄江动物群为什么会引起人们极大的关注,主要原因是澄江动物群不仅门类繁多,保存非常完整,而且科学意义也十分重大。1946年,在澳大利亚距今约6亿年前的前寒武纪晚期地层中,发现了举世闻名的伊迪卡拉生物群化石,主要有水母、海鳃和蠕虫类等。1909年,在加拿大距今约5.1亿年前的寒武纪中期地层中发现的布尔吉斯动物群化石,是一些较高等的原生动物,如节肢类、微网虫类和腔肠类等新的门类。而澄江动物群的发现,使人们认识的化石从原来的20多个门类一下子猛增到40多个门类,轰动世界,澄江帽天山被联合国列为科学遗址。伊迪卡拉生物群和布尔吉斯动物群间隔时间为8500万年,两者之间一直没有过渡类型的化石证据。澄江动物群正好处于这两个化石群中间,承前启后。此外,澄江动物群中的许多种类虽然早已绝灭,但是有很大一部分继续演化至今,构成了现生生物的多样性。也就是说,现代动物的重要门类在澄江动物群中都可以找到它的祖先。

达尔文的进化论是否仍然适用于澄江动物群表现的"生命大爆炸"问题,目前存在分歧意见。一种意见认为,数百万年对于46亿年的地球史来说是短暂的,因此说,地层中出现门类众多的澄江动物群化石是大灾变的结果,并以此对达尔文的学说提出质疑。另一种意见则认为,寒武纪生命大爆炸是一种自然现象,它符合达尔文关于自然选择通过变异遗传,推动生命由低级向高级,由简单向复杂进化的自然规律。只是由于地层中化石记录的不完整性,人们对于"怀胎"的真相至今还没有认识而已。

昆明鱼和海鱼是我国学者于1998年在昆明滇池附近海口的早寒纪地层中发现的。这两种无颌脊椎动物形态相似,皆呈鱼形,长约3厘米。它们已经有了头的分化,保存了鳃囊构造颌"之"字形的肌节。像盲鳗和棋鳃鳗一样,它们全身裸露,还没有披上外骨骼。这一事实表明现生无颌类还没有外骨骼并不是由于次生退化,而是一种原始特征。现生无颌类仅有盲鳗和七鳃鳗两大类,约50种,但在早古生代的海洋中,它们的数量和种类繁多,是真正的海洋霸主。

甲胄鱼

脊椎动物虽然在距今5.3亿年的早寒武纪就已出现,但很长一段时间里,这些全身裸露的原始鱼形动物并未得到发展,古海洋中仍然是无脊椎动物的天下。距今4.4亿年的奥陶纪末期,由于大规模的冰川活动,地球上发生了一次生物大灭绝事件。躲过这场浩劫的古鱼类在志留纪时开始了分化,泥盆纪时达到了演化的鼎盛时期。因此,志留纪和泥盆纪被称为"鱼类时代"。

在4.3亿年前的志留纪,最早分化的是甲胄鱼类。这是一些全身披上"甲胄"的古鱼类。当然,这里所说的"甲胄",并非古代将士戴在头上的头盔和披在身上的金属护身衣,而是一种含钙质成分的骨质甲片。甲胄鱼类属于脊椎动物的最原始类型——无颌类,它们还没有演化出上下颌,没有骨质的中轴骨骼或脊柱,通常靠滤食海洋中的小型生物或微生物为生,有时候可以吮食大型动物的尸体,主动捕食能力非常差。

甲胄鱼类主要包括三个大的演化支系:骨甲鱼类、异甲鱼类和盔甲鱼类。前两个支系分布在欧洲、北美和西伯利亚等地,而盔甲鱼类为中国和越南所特有。盔甲鱼类身长一般不超过30cm,一块完整的盾状甲包裹着头的背面,并折向腹面形成腹环。眼睛长在头甲的背面或侧面,鼻孔有细长形的、横椭圆形的和心形的,大小不等,但无一例外在头甲的背面口与数目不等的鳃孔则长在头的腹面。有的头甲还"装备"很长的吻突,可以用来进攻、恐吓其他动物,或者用来挖掘水底的淤泥。盔甲鱼类有一个尾鳍，但没有成对的胸鳍或腹鳍。它们是一种底栖的脊椎动物，生活在滨海或与海相连的河口之中，迁徙能力很差，可以为恢复古地理环境提供重要证据。过去根据古地磁、古生物等证据，曾认为华南与华北两个板块相距十分遥远。但盔甲鱼类的化石记录表明，在大约4亿年前，华南板块(包括越南北方)、塔里木板块和华北板块相互之间已经靠近，它们共同组成了一个华夏早期脊椎动物地理区系。

从无颌类衍生出来的是有颌脊椎动物，包括4个大的类群，即盾皮鱼类、棘鱼类、软骨鱼类和硬骨鱼类。颌的出现是生命史中的一次革命性的事件。由鳃弓演变过来的上下颌提高了鱼类的取食和咀嚼功能，因而增强了它们的生存竞争能力。

以恐鱼为代表的盾皮鱼类也是一种戴盔披甲的鱼类，泥盆纪时曾盛极一时。3.6亿年前的古海洋中，身长10米的恐鱼是一个巨无霸。它的头和躯干的前部都披有厚重的"甲胄"，甲胄长度可达3米。上下颌强壮的骨板，形成了剪刀式的锐利刀刃。凡是被恐鱼捕捉到的其他鱼类，都很难逃脱被吃掉的厄运。

盾皮鱼类笨重的甲胄虽然可起到自我保护作用，但付出了灵活性降低的代价。在生命史中，盾皮鱼类虽成为了泥盆纪古海洋的主宰，但终究是昙花一现，在3.5亿年前泥盆纪结束的时候，与它们的祖先甲胄鱼类一道全部退出了演化的舞台。

棘鱼类是另一类古老的鱼类，长得像黄花鱼，个体也不大，体长不超过30cm。它的鳍非常特殊，与任何鱼类的鳍都不一样，所有鳍叶的前方都有一根相当强壮的鳍刺，其上还有像雕刻出来的纵向花纹。沿身体的腹侧，在胸鳍和腹鳍之间，还有几对附加的小鳍，同样由鳍刺支持。"棘鱼"的名字也由此而来。棘鱼类始终没有真正发展起来，在4亿年前曾达到其演化的顶峰，之后逐渐衰落，到2.7亿年前的古生代末期全部灭绝。

软骨鱼类和硬骨鱼类是有颌类中获得成功的两个大的支系。软骨鱼类包括各种鲨类和鳐类,中国4.3亿年前的志留纪地层中,曾发现最早的软骨鱼类化石。硬骨鱼类是今天地球上水域的统治者,现在已经到达了它们演化历史的极盛期。现生的脊椎动物大约有5万种,硬骨鱼类中的辐鳍鱼类就占了其中的一半。在鱼类繁盛的泥盆纪,硬骨鱼类还处于演化的早期阶段。这个时期,辐鳍鱼类的化石相对比较少。硬骨鱼类中的另一支——肉鳍鱼类倒是获得了辐射式的发展,并在3.6亿年前演化出了四足动物。

活化石鱼

1938年12月22日,在南非小镇东伦敦海港的一条渔船上,一位在当地博物馆工作的年轻女孩拉蒂迈仔细地挑拣着海洋生物标本,突然她眼睛一亮,一个上世纪生物学上最富有传奇色彩的海洋探险故事拉开了序幕。

让拉蒂迈小姐兴奋的是一条全身闪耀着逼人蓝光的怪鱼。与所有现存的鱼类不同,这条鱼身上覆盖着坚硬的鳞片,其肉质肢体状的鱼鳍,很容易让人联想到陆生脊椎动物的四肢。

拉蒂迈把鱼运回了博物馆,请人鉴定,可谁都不认识,博物馆客座鱼类学家史密斯博士又恰巧外出度假。圣诞节前夕的南非天气炎热、潮湿,鱼身美丽的蓝色开始褪成褐色,如何保存这条大约1.5米长的怪鱼成为一个棘手的问题。镇上只有太平间和食物冷冻库具有足以容纳这条大鱼的冷藏设备。

在请求帮助都遭到婉言拒绝后,拉蒂迈找来了少许福尔马林,用它将报纸浸湿后包裹鱼身,以延缓鱼体的变质。

12天之后,拉蒂迈的信终于到了史密斯的手中。透过拉蒂迈所画的粗略素描,史密斯一眼就认出,这是一类生活在远古时代的鱼——空棘鱼,它们在大约6500万年前就同恐龙一起灭绝了,人们对它们的了解也仅限于留在岩石上的片断记录。史密斯简直不敢相信自己的判断,立即拍电报给拉蒂迈,让她精心保管标本。遗憾的是,史密斯担心的最坏情况已经发生了。蓝色的怪鱼已成为一具录制标本,只保留下来皮肤和内部骨骼,而内部器官与组织都作为垃圾倾入印度洋中去了。

这条鱼后来被命名为拉蒂迈鱼。空棘鱼"起死回生"的故事,很快在全世界掀起波澜,英国《自然》杂志在报道这一发现时,开篇用了古罗马博物学家普林尼的一句话:"非洲总是可以发现新东西"。第一条拉蒂迈鱼是在南非查郎那河河口外捕获的,当地水深约70米。为了寻找第二条拉蒂迈鱼,史密斯夫妇花费了整整14年时间,走访了非洲东海岸所有的小渔村,并四处悬赏。1952年,又是一个圣诞节前夕,拉蒂迈鱼在科摩罗群岛终于再次现身。为了尽快获得这条鱼,史密斯甚至惊动了当时的南非总理,动用军用直升飞机,最后还差点引起南非与法国间的纠纷,因为科摩罗当时是法国殖民地。之后在科摩罗海域有近200条拉蒂迈鱼被捕获。科摩罗政府赠送给中国4条,分别收藏在中国科学院古脊椎动物与古人类研究所中国古动物馆、中国科学院水生生物研究所标本馆、上海自然博物馆和北京自然博物馆。1997年,在距科摩罗有半个地球远的印度尼西亚,拉蒂迈鱼再一次被蜜月旅行中的美国青年尔德曼偶然发现,拉蒂迈鱼的地理分布也成为新的需要解答的谜团。

有关追踪拉蒂迈鱼的故事很多,每一位见过拉蒂迈鱼的人,都会被它深深吸引。是拉蒂迈鱼把我们带回到逝去的年代,告诉我们4亿年前我们的祖先是什么模样,它们在水中是怎样生活的。

大约4.1~3.8亿年前,地球上最高等的动物是在水中漫游的肉鳍鱼类,包括人类在内的四足动物就是从这类鱼中演化而来的。肉鳍鱼类与形态各异、种属繁多的辐鳍鱼类,同属于硬骨鱼纲中两个独立的亚纲。肉鳍鱼类虽然直接关系到四足动物的起源,然而现生种类却非常有限。在拉蒂迈鱼被发现之前,我们只知道3种生活在南半球的肺鱼,其他资料都来自化石记录。空棘鱼是肉鳍鱼类中非常保守的一个支系,在演化的历史长河中,它们的体形几乎没有太大的改变。这也是史密斯根据一张草图就能辨认出拉蒂迈鱼是空棘鱼,并称它为"活化石"的原因。

古老的鲟鱼

几千年来,"龙"一直是中华民族的象征,帝王们往往自命是"真龙天子",普通百姓也以"龙的传人"为自豪。然而,"龙"的原身到底是什么?这一千古之谜迄今仍有待解析。近来,有人考证后推断,"龙"的原身应该是鲟鱼。鲟鱼,在我国古代文献中又称鲔,是古老而珍贵的活化石鱼类,因而有"水中熊猫"之称。目前现生的鲟鱼总共还有2科6属27种,我国有3属9种。现生的27种鲟鱼全是《濒危野生动植物种国际贸易公约》附录Ⅰ或Ⅱ所列物种,严禁或限制以商业为目的的国际贸易。我国境内的中华鲟、达氏鲟和白鲟还被列为国家一级保护的野生动物。1994年我国曾发行过一套鲟鱼的特种邮票,入选的有国家一级保护的3种鲟鱼和我国最大的淡水鱼类达氏鲟。

鲟鱼是"鲟形鱼类"不大严谨的通称,严格意义的鲟鱼,应仅指其中的鲟科鱼类。鲟形鱼类在分类上属于辐鳍鱼亚纲的鲟形目。目前所知的鲟形目,包括软骨硬鳞鱼、北票鲟、鲟和匙吻鲟4个科。

最早的鲟形鱼类软骨硬鳞鱼,发现于英国和德国的早侏罗纪地层中,距今已有1.8亿多年。软骨硬鳞鱼是大中型的海洋鱼类,已知种类中最大的个体可达6~7米长。软骨硬鳞鱼的体形呈纺锤形,体内软骨极少骨化,体表裸露无鳞,尾鳍外形近呈正型尾,尾鳍上叶有菱形硬鳞。

也许在早侏罗纪或更早的地质历史时期,软骨硬鳞鱼的某个近亲种类进入了亚洲的淡水水域。在海生的软骨硬鳞鱼灭绝以后,这一淡水鱼类的后裔中,一支在中亚和东亚北部地区繁衍生息了几千万年,到早白垩纪晚期灭绝;另一支则逐步演变为现在的鲟形鱼类。已灭绝的一支即是北票鲟科鱼类,另一支包括了鲟科和匙吻鲟科鱼类。

北票鲟科鱼类自中侏罗纪开始出现,繁盛于早白垩纪,这一时期的亚洲大陆是一个相对孤立的地区,西边有一狭长的海峡与欧洲分割,东边是宽阔的海域与北美洲相隔。在亚洲大陆内部,又耸立着东西走向的古秦岭和大别山,将这一与世界其他地区相对隔离的陆地分为南北两部分。因此,北票鲟科鱼类目前只发现于中亚和东亚北部地区。

北票鲟科鱼类是完全淡水生活的鱼类。从目前已经发现的化石看,它们包括两个支系,可分别以我国的北票鲟和燕鲟为代表。北票鲟是我国最早发现的鲟形鱼类化石,个体较小,全长 20 厘米以上即可达到性成熟。北票鲟有别于其他鲟形鱼类的最显著特征是体表完全裸露无鳞,包括尾鳍上叶的菱形硬鳞也已全部退化。它的体形与现在的鲟科鱼类相近,身体腹面较为扁平,表明它很可能也是靠近水底活动的鱼类。

燕鲟是近年来新发现的奇特鲟形鱼类,个体略大于北票鲟,最大的全长可达 1 米左右。燕鲟的体形侧扁,体内有不少软骨已经骨化,体表也裸露无鳞,尾鳍上叶的鳞片比软骨硬鳞鱼退化,但在鳍的末端仍残留了一些细小的硬鳞。此外,燕鲟还有一个非常醒目的特征——很长的背鳍,燕鲟的背鳍长可达鱼体全长的三分之一。燕鲟支系比北票鲟支系的属种更为丰富,在中侏罗纪到早白垩纪晚期的地层中都有化石发现。

鲟科和匙吻鲟科伍类的演化历史,至少可以追溯到北票鲟科鱼类繁盛的早垩纪。匙吻鲟科最早的化石是我国冀北辽西早白垩纪的原白鲟,目前已知的鲟科最早代表是美国蒙大拿州晚白垩纪的原铲鲟。原白鲟已经具有了匙吻鲟科鱼类的主要特征,但仍保留了不少原始鲟形鱼类的特征;而原铲鲟已经与现在的铲鲟十分相像,表明它并非是最早的鲟科鱼类。最早的鲟科鱼类化石,也许在不久的将来,也能在东亚北部地区的早白垩纪地层中发现。从鲟形鱼类的化石和分布9400万年前的晚白垩纪,通过当时亚洲与阿拉斯加之间的陆桥,跨过白令海峡扩散到北美的鱼类的后裔。

鲟科和匙吻鲟科鱼类都是大中型的鱼类,如我国早白垩纪的原白鲟全长已可达1米以上。现生的种类更是水中的庞然大物,如我国四川渔民有"千斤腊子万斤象"的谚语,腊子即指鲟科的中华鲟,象指匙吻鲟科的白鲟。鲟科和匙吻鲟科的化石大多发现于河湖沉积的地层中,但现生的两种匙吻鲟科鱼类和大多数鲟科鱼类有洄游习性,一般是成鱼溯河而上,在上游产卵;幼鱼顺流而下,在下游和入海口育肥。

鲟科鱼类的体形呈纺锤形,但腹部扁平,躯干部横切面呈五角形,口前有4根吻须,体表有5行骨板——背中线1行、左右体侧和腹侧各1行,尾鳍为典型的歪型尾。推断鲟鱼为"龙"的原身,就是依据鲟科鱼类的这些特征,以及鲟鱼庞大的身躯和在大江大河中显身时"神龙见首不见尾"的神韵。现生的鲟科鱼类广泛分布于欧亚和北美不少江河及近岸海域中,我国有2属8种:分别是中华鲟、达氏鲟、施氏鲟、库页岛鲟、西伯利亚鲟、裸腹鲟、小体鲟、达氏鳇。

匙吻鲟科鱼类的体形侧扁,吻部很长,口前吻须2根,体表裸露或有彼此不相关节的齿状鳞片,尾鳍歪型尾或外形近呈正型尾。我们所知道的匙吻鲟科鱼类,仅见于东亚北部和北美,有一系列标本保存完好的化石代表。现今仍有匙吻鲟和白鲟两个种,分别分布于美国的密西西比河和我国的长江流域。

鲟形鱼类不但具有很高的学术研究价值,其经济价值也很高。由于人类过度捕捞和鲟鱼栖息地破坏等原因,现生的27种鲟鱼大多已濒临灭绝。例如我国特有的中华鲟,近代曾广泛分布于黄河、长江、钱塘江、闽江、珠江及近岸海域,目前在黄河、钱塘江、闽江均已绝迹,珠江数量也极少,仅在长江仍有一定数量。

鲟鱼的身体大,寿命长,性成熟晚,生殖周期长,产卵环境的要求高,仔鱼成活率低,因而种群一旦遭到破坏,便很难恢复。例如中华鲟的平均寿命50年以上,雄鲟需要9~10年,雌鲟需要17年以上才能进入繁殖期。

为了挽救这种恐龙时代的濒危活化石,世界各国纷纷开展了鲟鱼的研究,并采取了严格的保护措施和人工繁殖鲟鱼苗进行人工养殖和放流养殖。

恐龙

2亿多年前的三叠纪,中生代的霸主恐龙刚刚在陆地上诞生之前,那时候称霸地球海洋的已经是形形色色的海生爬行动物了。史前海洋中的爬行动物与现在的不同,不仅种类更为丰富,而且体形巨大,形状怪异。18世纪西方的博物学家首次发现这些"巨兽化石"时,将其称为"海怪",并做出各种各样古怪的复原。此后,海生爬行动物的化石始终是古生物学中的热点,并强烈地激发了公众的好奇心。

什么是海生爬行动物呢?顾名思义,就是生活在海洋中的爬行动物。它们能在咸水环境中生长、觅食,不经常进入淡水环境,但它们不一定在海洋中繁殖后代。现代海洋中仅有海龟、海蛇及其他少量爬行动物,而在中生代的海洋中则有鱼龙、鳍龙、海龙、沧龙等大名鼎鼎的动物,其中最有名的是鱼龙和蛇颈龙。

鱼龙是一类高度适应水生生活的已经灭绝的爬行动物。现存关于鱼龙最早的图片绘制于1699年,不过当时被当作了鱼。1708年在德国也发现了鱼龙化石,但直至1814年,这批化石才被法国著名的比较解剖学家居维叶首先正确地鉴定为海生爬行动物。1719年发现了第一条完整的鱼龙化石,当时认为这是在"大洪水"中死去的海豚或鳄鱼。"鱼龙"这个词到1818年才由大英博物馆的柯尼希创造出来,以后被广泛接受并沿用至今。

鱼龙有着流线型的体形和浆状的四肢,与海豚外形有些相似。居维叶曾说,鱼龙具有海豚的吻部、鳄鱼的牙齿、蜥蜴的头和胸骨、鲸的四肢和鱼的脊椎。鱼龙嘴巴长而尖，上下颌长着锥状的牙齿，整个的头骨看上去像一个三角形。头两侧有一对大而圆的眼睛，眼睛直径最大可达 30 厘米，而现生脊椎动物最大的眼睛是蓝鲸的眼睛，直径也才 15 厘米。因此鱼龙可以在光线暗淡的夜间或深海里追捕乌贼、鱼类等猎物。科学家估计，鱼龙可以下潜到海洋中 500 米的地方。鱼龙椎体如碟状，两边微凹，一条脊椎骨好像一串子被串在一条绳索上，尾椎狭长而扁平。

绝大多数爬行动物是卵生，把蛋下在沙子或窝里。鱼龙既然没法上陆地下蛋了，那么它是如何繁殖的呢？直接把蛋产在水里吗？开始人们不知道答案，后来在德国南部的霍斯马登附近发现了肚子里有胚胎的鱼龙化石，人们才了解到鱼龙原来能够直接产下幼仔。在德国的这个侏罗纪的鱼龙"公墓"里，化石产出在黑色沥青质页岩中，连皮肤的印痕也保存了下来，因此人们能够准确恢复鱼龙的外貌。这里所有成年雌鱼龙体腔内的完整骨骼，除胃腔中的以外，都被认为是小鱼龙。人们已经发现有胚胎的鱼龙化石近百条，这些化石多数腹部保留有 1~4 条胚胎化石，最多的达到 12 条。所有小鱼龙的化石都是在大鱼龙的下腹部位置发现的，这些小鱼龙的化石都十分完整，不像被消化后的食物那样骨骼七零八落。科学家们目前一致认定，鱼龙是产仔的动物，他们甚至找到了处于生产过程中的鱼龙化石。在这些标本上，小鱼龙的一半位于母亲的体内，另一半已经从产道滑出了体外。鱼龙分娩时，尾巴首先从母体中伸出，这和现在的鲸是一样的。作为用肺呼吸的海洋生物，头部先出生就意味着死亡。长期以来，这些标本一直被视为鱼龙同类相食的证据，但用这种"胎生"理论似乎比其他解释更容易为人们所接受。不过学者们至今还无法相信，海生爬行动物怎么在那么早就演化出了这种进步的繁殖方式。

在我国安徽早三叠纪发现的鱼龙，是已知时代最早的鱼龙之一。我

国科学家在珠穆朗玛峰海拔 4800 米的地方,发现了三叠纪(2 亿多年前)的鱼龙化石,是迄今为止海拔最高的脊椎动物化石。这足以证明当时那里还是一片大海,后来却抬升成了现在的世界屋脊。

蛇颈龙和上龙是人们很早就认识的另外一大类海生爬行动物。早在 1604 年,就有了第一张关于蛇颈龙骨骼化石的插图。随着越来越多的化石被发掘出来,1706 年,英国牛津博物馆甚至出版了一本关于蛇颈龙的鉴定手册。蛇颈龙和上龙是相当成功的爬行动物,曾经广泛分布在侏罗纪和白垩纪的海洋中。蛇颈龙身体宽扁,配上长长的脖子,小小的脑袋,就像一只海龟的头装在长蛇身上似的。蛇颈龙脖子可达身体的一半长,体长可达 10 多米。所谓"尼斯湖怪物"就是按照它的模样编造出来,并引起过不小的轰动。但是事实证明,蛇颈龙确实在白垩纪末就已经灭绝了。它们主要以鱼和菊石(一类中生代的软体动物)等为食。上龙是蛇颈龙的近亲,但它们的头很大,脖子比蛇颈龙短,牙齿很锋利。其中最大的种类体长可达 25 米,头部就有 5 米长,是侏罗纪时唯一一种体形与现代蓝鲸相仿的海生爬行动物,估计体重可能有 100 多吨。这种上龙可以进攻当时海里的任何动物。蛇颈龙和上龙有鳍状肢,科学家认为其游泳方式与海豹类似,鳍状肢向后划行,它们前进的轨迹很可能是一起一伏的波动。

由于从来没有发现过带胚胎的蛇颈龙或上龙化石,我们无从知道它们如何繁殖后代。这些动物的骨骼表明,它们还具有在陆地上爬行的能力,尽管这种能力十分有限;但是上龙体形巨大,对于它们来说,爬上海滩绝非易事,所以"胎生"是它们可能的一种繁殖方式。迄今为止,从未发现过上龙的蛋化石。蛇颈龙和上龙都属于鳍龙类,这类生物还包括三叠纪的肿肋龙类(如我国的贵州龙)、幻龙类(如欧龙)及奇特的楯齿龙类(如砾甲龟龙)。近几年,在我国贵州省发现了大量保存精美的鱼龙、鳍

龙和海龙化石,它们都足以和欧洲著名产地的化石相媲美。

鳍龙类的生活时间几乎贯穿整个中生代,在早三叠纪就已经产生,到白垩纪最末才灭绝。但是鱼龙却在晚白垩纪刚开始时就消失了。这两个类群的祖先是谁?是什么原因造成了鱼龙在白垩纪中期的灭绝?现在这些问题都还没有答案,等待着人们进一步去探索。

"清洁虾"

海洋动物有时也会生病,生了病有谁给治疗呢?海洋里的医生是一些清洁生物,其中就有我们要介绍的"清洁虾"。这种虾生活在温带和热带海洋,一向以热心医疗保健工作而著称于海内。

在巴哈马热带海域,有一种叫彼得松岩虾的清洁虾,透明的身着白色条纹和紫罗兰色斑点,色彩艳丽动人。它们在珊瑚礁中鱼类聚集处找到洞穴,常与海葵为邻,办起医疗站。要是有鱼来看病,它便殷勤地舞动起头前一对比身体长得多的触须,游到离洞口一寸左右的地方,毫不犹豫地爬上鱼身。先诊断病情,接着用锐利的钳把鱼身的寄生虫一个个拖出来,再清理受害部分,干净利落,"手"到病除。为剔除鱼牙缝中食物的残渣,它还得钻进鱼儿嘴巴里,在一颗颗锋利的牙齿之间穿来穿去,忙个不休;当检查到鳃盖附近时,鱼儿便依次张开两边的鳃盖,让它爬进去捕捉寄生虫。倘若鱼儿自认为尾部病情更为严重就会把尾巴伸过来,请示先行治疗。对于鱼身上的腐烂组织,清洁虾是决不留情的,严重时要动"大手术"治疗,"手术"细致彻底,鱼儿疼得挣扎摇动,

也不会影响"手术"的顺利进行,其认真负责的劲儿,实在令人惊讶!

其"医疗站"开张的消息传开后,鱼儿纷纷前来就诊,工作紧张而又繁忙。有的是老病号,一天要光顾好几趟,比觅食花的时间还多。有的是新伤员,急于前来求诊就医。即使清洁虾搬迁后,鱼儿们还是络绎不绝地尾随而至,希望得到医治。

世界上的热带清洁虾包括彼得松岩虾在内,已知的有5种。有时它们会同一些清洁鱼,如霓虹刺鳍合作,共同开设"医疗站"。猬虾和黄背猬虾有着各自的服务对象。猬虾的工作场所设在宽敞明亮的大洞穴,专门清洁大鱼;黄猬虾喜欢在狭小阴暗的洞里,只为小鱼们服务,它待在洞穴,把长长的白触须伸到洞处,舞动着,吸引鱼儿前来就医。

温带的清洁虾不设固定的"医疗站",像加利福尼亚的鞭腕虾,设的是"流动诊所"。它们四处流动,出门行医。它们成百上千个成员组成医疗队,浩浩荡荡地在海底奔波巡诊,遇到需要清洁治疗的鱼虾,就主动上前为其细心治疗,来者不拒,医术同样熟练不凡。

清洁虾的行为实在有趣,人们不禁会问,它们为什么志愿行医呢?说来也简单,这是生物界的一种共生现象,称之为清洁共生。鱼需要除去身上的寄生虫、霉菌和积垢,清洁虾则由此得到食物赖以生存,两者互利互惠,相辅相成。

除了清洁虾,海里还有一些清洁鱼类,种类已知有50多种,数量很大。它们和清洁虾一样,为海洋生物的健康做出了贡献。如果把欢跃兴旺的鱼群附近的清洁鱼虾取走,很快鱼儿就会游走,所以许多出名的好渔场,正是众多清洁虾设立大量医疗站的海区。研究海洋清洁生物,将使人类在保护海洋生物资源方面有新的作为。

名不副实的"鲍鱼"

鲍鱼并不是一种鱼,而是海螺的近亲,一种贝类。不过它的贝壳很特别,椭圆而扁,像一只大耳朵,因此它的学名按字泽就是"海耳"的意思。鲍只有半面壳,别看贝壳的外面黑不溜秋,壳内面却富有五彩斑斓的珍珠层,闪着彩色的珍珠光泽,故有"千里光"的美名,是装饰品及贝雕的极好原料。我国古代称鲍鱼为九孔螺,这是因为其贝壳近边缘外有一排小孔,是呼吸、摄食、排泄、生殖的通道。有的种类恰好有 9 个开孔,因而得名。鲍壳是中药,又称"石决明",是明目除热,平肝通淋之效。

鲍鱼壳内的肉体柔软而肥大,腹面的肉足是它的运动器官。它常用足附在海中的岩石上,喜欢在风浪大、水质清、盐度高、海藻繁殖茂盛的沿海石穴里安家落户,在大水流急,海藻丛生的海底爬行。平时它生活在水深 10 米左右的海区,白天躲在家里睡大觉,晚上出来找食吃,待吃饱喝足逛够了才回家。它的头部有一对细长的触角,触角的基部长有眼睛,嘴在触角之间的腹面,嘴里有齿舌,齿舌是一条略像高等动物舌头一样的"带子",上面有一排小齿,鲍鱼就靠齿舌来刮取海藻吃。它主要的食料是红藻和褐藻,在四五月份吃时食物最多,长得最肥。

有趣的是,鲍也有着惊人的附着力,遇敌时,它可迅速用宽阔有力的足紧紧吸附在岩石上,只把坚硬的外壳朝向敌人,使想吃它的螃蟹、海星之类望壳兴叹,无可奈何。据说,只有章鱼才是它的对手,鲍鱼碰上章鱼是无法脱身的。章鱼先用腕堵塞它壳上的小孔,使它因窒息而肉足丧失黏附力,然后再用强有力的腕上吸盘把鲍从岩上吸开,成为口中美味,这真是一物降一物。鲍有着超然的吸附能力,人们怎样才能捉到它呢?有经验的捉鲍能手多用突然袭击法,瞄准有的石缝,猛铲过去,出其不意地将它从岩上铲下,在它尚未醒悟时立即捉住,不再给它重新吸附的机会。鲍鱼其内脏不可轻易食用。鲍鱼内脏中有一种感光色素,这是一种毒素。鲍鱼的这种感光色素主要在2~5月份有毒,这可能和它的食饵有关。

梭子蟹

梭子蟹在动物分类学上属于节肢动物门甲壳纲，其头胸甲前缘左右两侧各有9枚锯齿，最后一齿又大又长，横向侧方突出，使头胸甲中部宽大，两侧尖细，形似织布用的梭子，故而得名。

在地球上生存的275种蟹类中，梭子蟹属海味珍品之最，经济价值最大，常见的有红星梭子蟹、运海梭子蟹和梭子蟹。这类蟹子胸甲表面具有横行的颗粒棱绒。甲面分区明显，额缘具有4枚小齿，复眼1对，具柄，步足5对，第1对大而坚硬，称螯足，第5对步足平扁如桨，称游泳足，有较强的游泳能力，被列为底栖游泳动物。

梭子蟹生长在近岸浅海,栖息水深 10~50 米的海区,以 10~30 米水深的泥沙底质海区最为密集。梭子蟹在白天光强时,潜伏在海底,夜间则游到水层觅食。奇怪的是在食物匮缺的情况下,母梭子蟹竟能用螯足从自己腹部取卵充饥。人们利用其特性,多在夜间把事先放有饵料的流刺网撒在海中,捕捉引诱来的蟹群,也可用拖网和诱饵钓,有时还可用手捉到个体较大的活蟹。

梭子蟹冬季栖息在较深的海底冬眠,至次年 2 月,雌蟹最胖,性腺发达,橘红色的卵巢已扩展到胸部两侧。春夏之交是梭子蟹的繁殖季节,雌蟹产卵量与个体大小成正比,一般有 2~10 万粒,附着在雌蟹腹肢刚孵化后变成幼蟹。从幼蟹到成蟹要经过多次蜕壳,每蜕过一次壳,甲壳增大,体重增加一次,而且只在身体长到特别丰满时才会脱壳。

有趣的是梭子蟹是一个脱壳专家,春季孵化出的幼蟹生长速度很快,当脱壳 8~10 次,体重 150 克左右时达到性成熟便进行交尾活动。它们每次脱壳需 15~30 分钟,这时敌害生物往往会乘虚而入,侵食个体,体弱多病的个体也会在脱壳中自我淘汰,每脱一次壳都是生死搏斗。幼蟹每脱一次壳,甲长和甲宽可增加 30%,到中秋节前后,蟹便可长成较大的肥蟹,俗谓"秋风起,蟹儿肥",也就是捕获的最好季节了。

海龟

　　海龟是终年生活在热带和亚热带海洋中的爬行动物，它以体大和长寿闻名于世。最大的海龟重 200 千克以上，头尾长达 1 米多，全身披着坚实的角板甲壳。它的力气很大，能够驮着一个人毫不费力地爬行。在沙滩上的海龟，就是几个年轻力壮的小伙子也难于把它拖走。自古以来，人们一直把海龟当作长寿的象征，许多地方的确发现过寿命长达 100 多岁的海龟。海龟耐饥饿的能力相当惊人，绝食数月也不会死亡。

　　别看海龟在沙滩上行动笨拙，由于它的四只脚像船桨一样，拨水力强，扁平的脚趾，为它在海中游泳提供了方便，所以能在翻滚的波浪中乘风破浪前进！不过，有时它必须把头伸到水面上，呼吸空气，然后再把头伸到水里寻找鱼、虾、蟹、海藻等食物。它虽然没有牙，但它口中有角质鞘来咀嚼食物。海龟成年累月地在大海中游弋，只是在一年一度的繁殖季节，雌海龟才爬到岸上来产卵。

　　西沙群岛初春的夜晚，月光轻柔地洒落在碧蓝的海面上，海浪一浪高过一浪地拍打着沙滩，这是海龟下蛋的好时节。笨重的海龟，在沙滩上不声不响地爬行，而且眼泪汪汪的，选择下蛋的地方，它的身后留下了一条深深的痕迹。它选好地方后，就低下头，先用大而锐利的前脚，继而又用灵巧的后脚向下挖掘，这时它们的警惕性很高，稍有风吹草动，就立即停下来看个究竟，或者另选地方。海龟很聪明，除了要挖真正的下蛋的洞穴外，还要挖好几个假洞以诱骗敌害。一旦把洞挖好后，它就专心下蛋，不受外界任何干扰，蛋下完后，用脚把洞弄平，埋好蛋，在沙滩上爬了一个"8"字形的弯道便向大海游去。它下蛋的时候，眼睛里不停地流着"眼泪"，难道它不高兴吗？不是，它是在把体内过剩的盐分，从眼窝后角的盐腺分泌出来，随着泪水排泄到体外，这是一种适应海中生活的绝妙的祖传本领。

海龟产蛋很多，一年竟能产两三百个蛋，每个蛋像乒乓球，但它的蛋壳是软的，世界上少有产蛋鸡能产这么多蛋。海龟产蛋后从不去孵蛋，而是依赖晒热了的沙滩帮忙。刚出生的小海龟，不要父母引带，就向大海爬去，过独立生活，从来不会迷失方向。由于海龟的蛋和小海龟都是在种种困难条件下才能保存和生长，为了传宗接代，难怪它要下这么多的蛋。

海龟全身都是宝，它的肉富含蛋白质和维生素，脂肪较少；它的外壳龟板可以制成龟板胶，是优良的滋补药，能治疗火眼、肺病、胃出血、高血压。同时还是一种很好的工艺品原料，可做装饰品，各种漂亮的纽扣；龟掌有健胃、润肺、补肾、清肝明目的功效；龟油还可治哮喘、气管炎，就是龟肝、龟胆、龟胃，也都是药材。

近来，人们还研制了海龟形状的水下搜索艇，用来在海洋中搜索沉没的舰船，科学家们还想把海龟训练成为救护员，传送救护物品给受难的人，在科学发达的今天，海龟还真将派上大用场呢！

西沙群岛是我国海龟的主要产地，它是国家的二类保护动物，切不能乱捕乱杀。

海象

  一次,人们发现一只巨大的海象从水里爬上岸,抖擞着湿漉漉的躯体,然后懒洋洋地躺下身来晒太阳。它很警觉,不时眯缝着眼睛环顾四周,以免发生不测。偏偏十分凑巧,远处又蹦出一只白熊,它一路摇摆,慢慢走着。当它一发现海象,就急忙奔跑过来,在距海象30米的地方停住了脚步。它选择一个较高的地势,准备向海象作试探性的进攻。它先搬起一块大石头向海象砸去,又刨起冰屑向它撒去。此时海象虽然感到阵阵疼痛,却总是尽量克制自己,保持镇静。它慢慢立起上半身,若无其事地缓缓向海边挪动。

  海象的外貌异常丑陋,那长长獠牙、充血闪光的眼睛、上唇的厚肉垫上长满粗硬密麻约有10厘米长的胡须,多达400根左右。特别是那对0.3~0.9米长的粗长獠牙,看上去很可怕。它在浮冰上走路或者从水中爬到冰上,也是靠这獠牙的帮助。它把庞大身躯的一半移到冰块,再把牙齿插到冰块里,然后紧缩颈部的肉,将身体向前缓缓移动,最后在冰块上站定。海象上岸后就利用两只前鳍脚行走了,这是为了防止它的獠牙受到过多的磨损和伤害。

  每年4~5月,海象在水中进行交配或养育。交配一般1~3年一次,经过长达一年的妊娠期,分娩总是极快而顺当的。小海象出生后由母海象带着下水,半个月后就会适应水中生活。海象周身有毛皮,小海象的毛皮呈黑绿色,成年的雌海象呈褐色,雄海象为红褐色或粉红色。随着年岁的增长,皮毛的色泽渐渐变浅,失去原有的光泽,显得异常粗糙,仿佛枯干的树皮。

　　海象一般生活在产有软体动物的浅海滩,喜欢几十、几百只群居在一起。为了捕食,它们能潜入 70~100 米左右的深水区,但滞留时间不超过半小时,就得浮出水面,爬上冰块休息。有的壮年海象能够长时间在海中游动,将头部和胸部露出水面仰泳,有时还能在水面站立行走。每年秋季,浅滩开始结有厚厚的冰层,海象就得迁往远处的广阔水域生活。目前全世界约有海象 15 万头左右。一般海象的平均体长为 3~5 米,体重 700~800 千克;但世界海洋史的资料曾记载,最大的海象长达 20 米,体重 1500 千克,实属罕见。

海獭

海獭是海兽中最小的一种,雄海獭身体只有 1.47 米左右,约重 45 千克,与狗相仿;雌海獭长约 1.39 米左右,重 33 千克。它那小小的脑袋,不大的耳朵。吻端裸出,上唇长着胡须,肥而圆的躯体,形态像鼬,因而专家们把它归入食肉目鼬科。它的前肢裸出并弯曲,尾巴扁平,很长,约占体长的四分之一;后肢又扁又阔,从外表上看好像鱼的鳍,可内部却没有鳍的结构,而是由趾骨构成。海獭也有 5 个趾,第一趾最长,骨头外边包裹着皮膜,形成了无与伦比的划水桨片。当它们在水中游动时,流线型的身躯像鱼一样起伏运动,身体十分柔软,同时再用两个后肢交换着划水,拖在后边那扁平的尾巴随时起着桨和舵的作用,因此转身穿浪都十分灵活。海獭不仅是潜水和游泳的行家,而且是优秀的跳水运动员。它们常常爬到岸边岩石上,纵身跳入大海,其空中动作非常优美;然后以螺旋形的轨迹悄然入水,甚直没有什么水花飞起。若是哪个国家的跳水运动员达到这个水平,相信肯定得到满分。

海獭的摄食方式非常巧妙,以海胆、鲍鱼、贻贝、牡蛎等动物为食,有时也吃海藻的芽和行动缓慢的底栖鱼类。牡蛎、海胆等的壳很坚硬,海獭用牙齿是咬不动的,所以它将潜水觅食时找到的食物挟于前肢下带回,在前肢下松弛的皮囊里一次可装下 25 只海胆,同时拣回一块拳头大小的石头。当它浮出水面时,仰游水面,将脚部当饭桌,用短胖的前肢夹住海胆等食物往石头上猛击,待壳破肉出时再吞而食之,吃饱后它把剩余食物和石块放置胸前休息,虽经涛卷浪打也不失落。它可以一连几次潜水,出水后都用同一块石头砸食物,因而被称为巧用工具的动物。它不仅能使用工具,而且还会保存工具反复使用。海獭每天所吃的食物量占它的体重的四分之一到三分之一,这说明海獭的新陈代谢功能是很强的。

海獭全身披有侧刚毛和绒毛,绒毛致密而柔软,刚毛起着保护绒毛的作用。我们知道,生长在海水里的哺乳动物必须有一种防寒、保暖的机制,因为海水的温度总是低于海兽的体温,而海水的传热比空气的传热要快4倍。有些海兽靠着厚的皮下脂肪保暖,散热很少,如鲸鱼,身上几乎没有毛。海獭的皮下脂肪仅占它体重的1.8%,与鲸鱼和海豹的脂肪层相比,微不足道,起不到绝缘、保温的作用,因而它"必须"有一层天衣无缝的厚厚的皮毛;同时全身皮毛上不时涂有一层脂肪,以达到滴水不沾的程度。

海獭十分喜爱梳妆打扮,它在饱食之后要花上很多时间用爪子梳理皮毛。梳理时从头至尾,十分仔细,其实这种打扮并非为了漂亮,而是因为毛皮蓬乱污脏之后,如不疏理清洁,就会失去绝缘、保温作用。此外,梳理毛皮时的机械运动还可以刺激皮肤下的皮腺,加强脂肪的分泌,使毛皮上保持涂有丰富的脂肪层,以达到既防水又保暖的作用。

海獭是一种高智商动物,善于利用周围的环境条件。海洋潮起潮落,并受海流和海浪的影响,是永远也不会宁静的;而海獭却总是选择有海藻的海区睡觉过夜,它们用海藻缠绕住自己的身体,这样就不会在睡着时被海浪和潮流冲走。

海兔

海产贝类是人们重要的美味食品,但因吃贝类而引起中毒的事件各国都有报道。这是因为有些贝类是有毒的,有些则是因为贝类吃了含有毒素的食物而使自己也成为有毒动物的。有的贝类即使人接触到它也会引起中毒。

据报道,南太平洋一个岛国上,一位孕妇在海滩上拣了一个海兔,好奇地捧在手里观赏,突然她感到恶心,然后肚子痛,回家后不久就流产了。后来知道这祸首就是海兔。海兔是一种软体动物,属于贝类,但贝壳退化,柔软的丰体外露,且有着美丽的色彩和花纹。体长从几厘米到100厘米,大者重可达2公斤。头部有两对触角,后一对短,有嗅觉作用,前一对较长,状若兔耳,有触觉作用。海兔以海藻为食。其实它本身并不产生毒素,但吃进红藻后把其中含的有毒的氯化物贮存在消化腺中,或送到皮肤分泌的乳状黏液中,散发着令人恶心的气味,人接触到就会产生中毒效应。还有一些毒液贮存在其外套膜中,可进一步对它的敌手产生毒害。

据科学家研究,这种毒液还能杀死癌细胞,经对患肺癌的老鼠注射海兔毒液实验,其寿命比不注射者延长5.6倍,对患白血病的老鼠也能延长5.5倍。将来可望由此制成抗癌药。海兔也是名贵的海味珍品,还可做药用,有消炎退热之效。由于海兔离水即烂,渔民常把它腌制成海兔酱。

人吃后引起中毒的贝类还有不少,如大石房蛤、贻贝、牡蛎等。有的引起肠胃中毒,症状是恶心、呕吐、下泻等;有的使皮肤起红斑疹、肿胀、发痒等；还有的引起麻痹，严重者引起失明，约有 80% 患者最终死亡。有毒的螺类也很多，如东风螺、芋螺。世界上已知有 11 种芋螺有毒，其中有两种能置人于死地。地纹芋螺就是其中之一。人被芋螺叮伤，先感到剧痛，随后伤口发白、麻木，导致全身不适。据报道，世界上有 54 起芋螺伤人事件，其中 25 人死亡。

虎鲸

齿鲸的种类较多,有70多种,其中既有形如蝌蚪、长达20米的巨大抹香鲸,又有狡黠诡诈、凶猛无比的虎鲸,更多的则是灵巧而聪明、龙腾虎跃的大批海豚。

齿鲸多以鱼和头足类等动物为食,唯虎鲸还以其他海兽为食。虎鲸体长不到10米,头的侧面、眼的后方左右各有一个卵形白斑,远看像眼。背鳍高大,长可达1.8米,状如倒置的戟,因此又名逆戟鲸。口里长着40多枚强大的牙齿,性凶猛,且残暴贪食。除吃鱼外,也吃海豚、海狮、海豹等海兽,甚至袭击大型须鲸。当它们遇到成群的海豚时,立即将其包围,并逐渐缩小包围圈,然后一头虎鲸冲进去,将一头海豚咬住撕而食之,其他虎鲸亦是如此,直到它们吃够为止。海狮、海豹等遇到虎鲸往往会掉头逃窜,有些纷纷逃上岸去。虎鲸往往穷追不舍,甚至向岸边追击,它比其他鲸能游到更浅地方去,甚至浅到半身都露出水外也不在乎,常常把那些就要逃离虎口的海狮擒而食之。猫捕到老鼠常不马上吃掉,而是嬉耍够了以后再吃。虎鲸似也有这种习性。常见它在海里捉到海狮后,用嘴叼着,头一摆,将海狮远远地甩出去,然后再叼住再抛,或用其尾鳍猛地向上一打,就像扔石头一样,将海狮高高地打出水面,又远远落入水中,然后游过去,又是一下、两下……海象遇到虎鲸也会纷纷逃窜,特别是小海象,常是吓得伏在母海象背上寻求保护,虎鲸常是从较深处突然冲上来,将小海象冲掉,然后捕食。有些海豹或海狮爬到海里的浮冰上去躲避风险,虎鲸要么用身体突然往上顶,将冰弄破,使冰上的海狮落水,要么用头压在冰的一边,使冰向一侧倾斜,冰上的海狮就会滑落下来,虎鲸就接而食之。当遇到巨型须鲸时,虎鲸会像一群饿狼一样一拥而上,有的咬住巨鲸的鳍肢、尾鳍使它动弹不得,有的用整个身躯压在巨鲸的鼻孔上使它无法喘气,还有的猛地咬住巨鲸下颌、喉等部位、巨鲸一张口,虎鲸立刻钻进去把舌头吃掉。当巨鲸奄奄待毙时,虎鲸则撕咬其皮肉,一顿狼吞虎咽之后就扬长而去。所以人们也称虎鲸是嗜杀成性的鲸,当然它袭击的目标多是些病弱个体。

至今尚未有虎鲸袭击人的报道。相反,在水族馆里的饲养条件下,虎鲸还可以与人建立起友谊,让人骑在它的背上做各种表演。